Josef. aut Rott

Die Atmosphäre unserer Erde: 1. Teil

ISBN/EAN: 9783337321284

Hergestellt in Europa, USA, Kanada, Australien, Japan

Cover: Foto ©berggeist007 / pixelio.de

Weitere Bücher finden Sie auf **www.hansebooks.com**

Josef. aut Rott

Die Atmosphäre unserer Erde: 1. Teil

Jahresbericht

des

Königlichen katholischen Gymnasiums zu Gleiwitz,

für das Schuljahr 18⁵⁹/₆₀,

womit

zu der am 13. und 14. August abzuhaltenden

öffentlichen Prüfung aller Klassen

und

der auf den 15. August festgesetzten

Schlussfeierlichkeit

alle Gönner und Freunde der Anstalt

ergebenst einladet

C. Nieberding,

Director, Ritter des rothen Adler-Ordens IV. Kl.

———◦◦◦———

Gleiwitz, 1860.

Gedruckt bei Gustav Neumann.

Die Atmosphäre unserer Erde.

(Fortsetzung.)

Das Programm, welches im Jahre 1855 von Seiten des hiesigen Gymnasiums ausgegeben wurde, enthält den ersten Theil dieser Abhandlung. Derselbe handelt von der Beschaffenheit der Atmosphäre; diese Fortsetzung wird zum Gegenstande haben:

B. Die Erscheinungen in der Atmosphäre.

1) **Winde.** Jede Bewegung in der Luft wird mit dem Namen „Wind" bezeichnet, vom schwächsten Luftzuge an bis zum stärksten Orkane. Alle Bewegungen sind eine Folge von Störungen des Gleichgewichts; um daher die Entstehung der Winde zu erklären, müssen wir die Ursachen von den Störungen des Gleichgewichts in der Luftmasse zu erforschen suchen.

a) **Entstehung der Winde.** Die Dichter im Alterthume nahmen es damit ganz leicht; sie machten die Winde zu Söhnen von Riesen oder Göttern und gaben ihnen besondere Orte, namentlich auf den äolischen und liparischen Inseln, zu ihren Sitzen, von wo aus sie ihre Herrschaft übten. Frühere Schriftsteller, welche sich mit den Naturerscheinungen und ihren Erklärungen beschäftigten, stellten über die Ursachen der Winde mancherlei Hypothesen auf, die aber mehr oder weniger den Mangel einer richtigen Einsicht in die Naturgesetze bekunden. Herodot lässt die Luft stets von der kälteren Gegend in die wärmere einströmen und Aristoteles erklärt sich jede Luftströmung aus dem Verhältniss des nassen Dampfes zu einem hypothetisch vorausgesetzten trockenen, wobei er besonders untersucht, ob die Winde in den oberen oder unteren Schichten der Atmosphäre ihren Anfang nehmen. Diodor von Sicilien setzt den Ursprung der Winde in die Verdunstung, indem er hinweist auf die überaus ruhige Luft in Libyen, wo weder ausgebreitete Wälder noch grössere Flüsse eine Verdampfung zulassen. Unter den alten Philosophen war es Anaxagoras, der zuerst die richtige Ansicht aufstellte, dass die Winde durch Verdünnung der Luft in Folge der Ausdehnung durch Wärme enstehen.

Erst in neuerer Zeit versuchte es Franz Baco (1560—1626) eine Theorie der Winde zu begründen. Die Sonne ist ihm die hauptsächlichste Erzeugerin derselben und selbst eine Einwirkung des Mondes und der Gestirne auf die Entstehung derselben nimmt er an. Da er aber die Bewegung der Erde um ihre Axe nicht anerkannte, so blieb ihm noch Manches in der Erscheinung der Winde unklar. Als aber die Rotation der Erde allgemein als richtig angenommen war, wurde diese von Baco aufgestellte Ansicht namentlich durch Halley und Hadley erweitert und verbessert und die von diesen entwickelte Theorie der Winde von den bewährtesten Physikern bis auf die heutige Zeit beibehalten. Kämtz und Dove, die fern von jeder Speculation die Natur selbst betrachteten, haben durch ihre Beobachtungen und Forschungen und namentlich durch die Aufstellung der Gesetze der Winde die Wissenschaft sehr bereichert.

Als Hauptursachen der Entstehung der Winde sind anzusehen:

1. Die stellenweise Verdünnung und Verdichtung des Luftmeeres durch die Sonnenwärme.

2. Die Rotation der Erde und die daraus entstehende Differenz zwischen den Rotationsgeschwindigkeiten der Erde und der Atmosphäre. Dazu tritt noch der Einfluss, den die anziehende Kraft des Mondes, die allgemeine Bewegung des Meeres, die Verdunstung der Gewässer und die Condensation der Wasserdämpfe und die Configuration des Festlandes üben.

Denken wir uns die Atmosphäre in vollständigem Gleichgewicht, überall gleichmässig erwärmt und gleich schwer, so dass Thermometer- und Barometerstände in allen Gegenden übereinstimmten, so müssten wir, wenn auf einmal ein Theil der Luftmasse stärker erwärmt würde, als die anderen, folgende Erscheinung haben: Die erwärmte Luft würde sich ausdehnen, leichter werden und in die Höhe aufsteigen; die kältere sie umgebende würde unten in den luftverdünnten Raum einströmen, die erwärmte oben zugleich abfliessen. Folgendes Beispiel giebt dazu einen Beleg. Oeffnet man im Winter um ein wenig die Thür eines geheizten Zimmers nach einem kalten Raume zu und hält ein brennendes Licht an das untere Ende des Spaltes, so giebt die nach innen gerichtete Flamme einen Luftstrom von aussen nach innen zu erkennen. Rückt man mit dem Lichte immer weiter hinauf, so bekundet die sich immer mehr aufrecht stellende Flamme eine Abnahme des Luftzuges von aussen nach innen und ungefähr in der Mitte des Spaltes zeigt dieselbe fast keine Spur einer Einwirkung von bewegter Luft. Oben an die Oeffnung gebracht, richtet sich die Flamme von innen nach aussen und zeigt demnach eine Strömung von innen nach aussen an. Die kältere, dichtere Luft dringt unterhalb in das erwärmte Zimmer und oben fliesst die erwärmte, dünnere Luft nach dem kalten Raume ab, um auf diese Weise das durch die Wärme gestörte Gleichgewicht wieder herzustellen.

5

Was hier im Kleinen, verläuft täglich in der Atmosphäre der Erde im Grossen. Zu beiden Seiten des Aequators werden, durch die Stellung der Sonne bedingt, die Luftmassen stark erhitzt und daher ausgedehnt; sie steigen mit einer grossen Geschwindigkeit auf und unten strömt von den Polen her die Luft in den luftverdünnten Raum; auf der nördlichen Hälfte der Erde entsteht eine Strömung von Norden nach Süden, auf der südlichen von Süden nach Norden. Die in der heissen Zone in die Höhe gestiegene Luft fliesst nun, um das gestörte Gleichgewicht wieder herzustellen, zu beiden Seiten nach den Polen hinzu ab, und es entsteht in der oberen Region auf der nördlichen Halbkugel. ein Süd- auf der südlichen ein Nord-Wind. Doch können die auf diese Weise entstandenen Luftströmungen wegen der verschiedenen Rotationsgeschwindigkeit der einzelnen Punkte der Erdoberfläche nicht diese Richtung beibehalten. Die unteren Luftströme, welche von den Polen nach dem Aequator ihre Richtung nehmen, kommen nach und nach auf niedere Breitegrade, wo die Rotationsgeschwindigkeit nach Osten zu eine immer grössere wird, und da sie nach einem physikalischen Gesetze derselben nicht gleich folgen können, so bleiben sie nach Westen zurück und es entsteht auf der nördlichen Hälfte der Erde ein Nordost- auf der südlichen ein Südost-Wind, der immer mehr sich der östlichen Richtung nähert, je näher die Strömung dem Aequator kommt. Ebenso werden die Richtungen der in der oberen Region entstandenen Strömungen geändert und zwar, weil diese in Gegenden kommen, wo die Rotationsgeschwindigkeit immer eine kleinere wird, geht die südliche Strömung auf der nördlichen Hälfte in eine südwestliche und die nördliche auf der südlichen Hälfte in eine nordwestliche über, so dass jeder obere Strom die entgegengesetzte Richtung seines unteren hat. Diese aus der Theorie hervorgegangene Ansicht fand ihre Bestätigung in folgenden Thatsachen. Als im Jahre 1740 der Vulkan Morne Garu auf der Insel St. Vincent zum Ausbruch kam, fiel, auf der Insel Barbados, welche im Osten von St. Vincent liegt, ein so bedeutender Aschenregen, dass alles in dichte Finsterniss gehüllt wurde. Es herrschte dabei unausgesetzt ein Ostwind, so dass die ausgeworfene Asche nur durch den in der obern Region wehenden Westwind von St. Vincent nach Barbados getragen sein konnte. Ebenso wurde bei dem Ausbruche des Vulkans von Consiguina, welcher zur Vulkanreihe von Guatimala in Mittelamerika gehört, im Jahre 1835 die Asche bis in den oberen Luftstrom geschleudert und durch denselben in südwestlicher Richtung nach Jamaica geführt, wiewohl in der unteren Region ein Nordostwind herrschte. Die Höhe dieses oberen Luftstromes muss unter dem Aequator über 20,000 Fuss sein, denn noch kein Reisender, weder Humboldt auf dem Chimborasso noch Andere haben auf den höchsten Bergen in der Nähe des Aequators denselben erreicht, da doch nach L. v. Buch auf dem Pic von Teneriffa 28° 17′ nördlicher Breite schon bei 11,400 Fuss Höhe der Süd-West-Wind weht, während auf der

Insel der Nordostwind herrscht. Wäre unsere Erde frei von grossen Erhöhungen und aus homogener Masse gebildet, so würden keine andere Winde herrschen, als die angegebenen, und nur die Anziehung des Mondes würde eine geringe Schwankung des Luftmeeres bewirken; aber durch die Verdunstung der grossen Gewässer und durch die Niederschläge des entstandenen Wasserdampfes treten bedeutende Störungen ein, welche sowohl die Richtung als die Stärke der Winde ändern. Von sehr grossem Einflusse sind ferner die Configuration des Festlandes und seine Gebirgszüge.

   b) **Zahl und Bezeichnung der Winde.** Hesiod in seiner Theogonie nimmt nur zwei Winde an, beide aus Thracien kommend, Homer aber schon vier, als solche, die zu der damaligen Zeit beachtet und daher benannt wurden. Später unterschied man schon acht Winde, wie dies der zu Athen von Andronicus Cyrrhestes erbaute achteckige Thurm, auf dem ein Triton durch einen Zeiger die Richtung des Windes angab, beweist. Aristoteles nennt zwölf Winde, die in der Folgezeit sowohl bei den Griechen wie bei den Römern um mehre vermehrt und nach den verschiedenen Gegenden, woher sie kamen, benannt wurden. Jetzt unterscheidet man gewöhnlich 32 Winde und benennt sie nach den Himmelsgegenden, aus welchen sie kommen. Um sie näher zu bezeichnen bedient man sich der sogenannten Windrose. Ein Kreis, den Horizont darstellend, wird, indem man die vier Cardinalpunkte Nord, Ost, Süd und West zu Grunde legt, in 32 Theile getheilt. Dieselben werden vom Nordpunkt ausgehend zwischen Nord und Ost auf folgende Weise benannt: Nord, Nord gen Osten, Nord-Nordost, Nordost gen Norden, Nordost, Nordost gen Osten, Ost-Nordost, Ost gen Norden. Ebenso sind die Bezeichnungen zwischen Nord und West, nur dass statt Ost die Benennung West gesetzt wird. Zwischen Süd und Ost, Süd und West steht der Name Süd voran, wie: Südost, Süd-Südost &c. Auf der Windrose werden die Winde nur durch die Anfangsbuchstaben angegeben, wie: N., O., S., W., oder S. S. W., O. g. N. O. Auf den französischen Windrosen ist Westen mit O (Ouest) und Osten mit E (Est) bezeichnet. Die Italiener haben die Namen mancher Winde von den alten Römern überkommen und benennen sie daher nach den nächsten Umgebungen von Italien. Der Nordwind, der über die Berge kommt, heisst bei ihnen Tramontano, der Nordostwind, von Griechenland her wehend, Greco, der Ostwind Levante, als dem Lande, wo die Sonne aufgeht. Der Südostwind wird Sirocco, der Südwind Ostro (Auster bei den Alten) u. s. w. genannt. In Bezug auf die Stärke der Winde unterscheiden wir sanfte und heftige Winde, Stürme und Orkane. Der norddeutsche Seemann nennt jeden Wind eine „Kühlte" und nach der Stärke unterscheidet er eine schlaffe und eine frische Kühlte; einen heftigen Wind nennt er einen schweren Wind, so wie einen heftigen Sturm einen fliegenden Sturm. Erhebt sich ein Wind stossweise, so nennt ihn der Schiffer „Bö."

c) **Arten der Winde.** Unter den Winden unterscheidet man beständige, periodische und veränderliche. Zu den beständigen zählen die Passate. Es sind die oben bei der Entstehung der Winde erwähnten beiden in der heissen Zone zu beiden Seiten des Aequators, auf der nördlichen Halbkugel der Nordost-, auf der südlichen der Südost-Passat. Je näher dem Aequator, desto mehr nehmen diese Passate eine östliche Richtung an, und beide würden in einen reinen Ostwind übergehen, wenn sie unter dem Aequator zusammenstiessen. Dies kann aber nicht geschehen, da zwischen ihnen die stark erhitzte Luft mit grosser Gewalt aufwärts strömt. Daher sind beide Passate durch einen Gürtel geschieden, wo oft Windstille herrscht. Desshalb heisst derselbe auch die Region der Windstillen oder Calmen. Doch wechseln hier mit den Windstillen die heftigsten Orkane, Tornados, ab. Die Breite dieses Gürtels beträgt etwa 5 Grad. Auf der nördlichen Halbkugel dehnt sich der Nordostpassat von 2°—30° N. B. aus, während auf der südlichen der Südostpassat seine Grenzen zwischen dem 1°—25° S. B. hat, ja bei nördlicher Declination der Sonne im atlantischen Ocean sogar den Aequator überschreitet. Die Grenzen und die Lage dieser Gürtel würden unveränderlich sein, wenn die Stellung der Sonne stets im Aequator wäre; da aber dieselbe jährlich einmal nach Norden, und einmal nach Süden abweicht, so müssen mit dem Stande derselben nicht nur allein die Grenzen der Passate, sondern auch die Lage des sie trennenden Gürtels der Calmen sich ändern. Im grossen Ocean beträgt die Schwankung der Grenze der Passate auf beiden Seiten nur etwa 4°, während im atlantischen die südliche Grenze des Nordostpassates eine Oscillation von mehr als 8° macht. Auch ist die Region der Calmen nicht zu allen Jahreszeiten gleich breit; sie ist im Sommer breiter als im Winter. Die Passate werden in der Mitte ihrer Grenzen und namentlich auf den grossen Meeren am regelmässigsten wehen, aber an den Küsten durch andere Winde mehr oder weniger Störungen erleiden, so dass erst in kleineren oder grösseren Entfernungen vom Festlande dieselben wieder als Passate auftreten, an der Ostküste Afrikas schon in einer Entfernung von 15 Meilen, bei Peru aber erst von 100 Meilen. Küsten, an denen sich grosse Ebenen ausdehnen, üben, namentlich wenn sie in der Richtung der Passate sich hinziehen, einen dauernden Einfluss auf ihre Aenderung aus, da die Temperatur über ebenen, sich weit hinstreckenden Küstenländern zu den verschiedenen Jahreszeiten sich nur langsam und nur wenig ändert. Es entstehen dadurch Winde, die während einer bestimmten Zeit aus einer bestimmten Richtung wehen und dann in eine andere Richtung umschlagen. Dies sind die sogenannten **periodischen** Winde.

Unter periodischen Winden versteht man solche, welche einen Theil des Jahres, meist einige Monate, aus derselben Weltgegend wehen, dann eine andere Richtung, zuweilen die entgegengesetzte annehmen und dieselbe wieder eine bestimmte Zeit beibehalten oder mit veränderlichen Winden abwechseln. Zu ihnen gehören vorzugsweise die Moussons oder Monsune. Der Name wird von dem malayischen Worte Mussin die Jahreszeit, oder Mussim das Jahr, abgeleitet. Am regelmässigsten treten die Moussons im indischen Meere auf. Eigentlich sollten daselbst die Passatwinde wehen, aber die Ländermassen, welche die Grenzen derselben beschränken, üben einen solchen Einfluss, dass ihre Richtungen zu den verschiedenen Jahreszeiten eine bedeutende Aenderung erleiden. Steht die Sonne südlich vom Aequator und erhitzt die Hochebenen vom südlichen Afrika, so tritt eine bedeutende Temperatur-Differenz zwischen den Luftmassen über Afrika und denen über dem indischen Meere und namentlich über den Hochlanden Hinterasiens ein, so dass aus dem oben angeführten Grunde eine südöstliche Windströmung eintreten muss. Vom October bis April werden daher die Windrichtungen auf dem indischen Meere mit den eigentlichen Passaten zusammenfallen; in der südlichen Hemisphäre weht vom 12.º S. B. bis 28.º S. B. ein Südost- auf der nördlichen vom Aequator an ein Nordost-Wind. Der 12º breite Gürtel zwischen denselben ist an die Stelle der Region der Calmen getreten. Hier wechseln zwar auch Windstillen mit veränderlichen Winden ab, aber es herrschen die Nordwestwinde vor, daher dieser Gürtel die Region der Nordwest-Moussons genannt wird. Auf Sumatra, welches vom Aequator durchschnitten wird, tritt diese Erscheinung mit aller Regelmässigkeit ein. Auf der nördlichen Seite herrscht vom October bis April der Nordost-Mousson, der schönes und heiteres Wetter bringt; auf der südlichen der Nordwest-Mousson mit seinen Regen und Gewittern. Hat die Sonne ihren Stand auf der nördlichen Seite des Aequators, so werden die Luftmassen über Asien immer mehr erwärmt, über dem Meere aber und dem südlichen Afrika abgekühlt werden. Es wird daher in den unteren Regionen im Norden des Aequators ein Südwestwind entstehen und vom Mai bis September daselbst der Südwest-Mousson wehen, der sich bis tief in das Festland ausbreitet und an einigen Stellen nur durch Gebirge aufgehalten wird. Er bringt den ihm zugekehrten Küsten Regen. Südlich vom Aequator tritt zu dieser Zeit der Südost-Mousson ein und erstreckt sich bis 10º S. B.; er gehört zu den trockenen Winden. Derselbe ist als eine Fortsetzung des Südost-Passates, der über den 10.º S. B. hinaus herrscht, anzusehen. Zu gleicher Zeit zeigt sich zwischen dem Südwest- und dem Südost-Mousson ein Süd-Mousson, der aber durch die dazwischen liegenden Inseln in seiner Richtung mehrfach geändert wird und stets mit Regen und Gewittern verbunden ist. Weder ist die Zeit der Aenderung in der Richtung der Moussons eine bestimmte, noch der Uebergang ein plötzlicher. Um die Aequinoctialzeit, wenn die Sonne von der einen Seite des Aequators sich der anderen zuwendet, wird die Temperaturdifferenz der Luftmassen mehr und mehr ausgeglichen, so dass der herrschende Wind allmählich zur Ruhe gelangt, oder in veränderliche Winde übergeht; und es werden erst, bis durch längere Einwirkung der Sonnenstrahlen auf der entgegengesetzten Hemisphäre eine hohe Differenz zwischen der Temperatur über dem Lande und dem Meere eingetreten ist, die Moussons nach und nach eine entgegengesetzte Richtung annehmen. Die Uebergänge in die entgegengesetzten Richtungen finden daher um die Aequinoktien allmählig statt.

Doch gehören die Moussons nicht allein dem indischen Meere, wo sie allerdings ganz charakteristisch auftreten, an, sondern wir finden solche periodische Winde fast an allen bedeutenden Küstenländern der Aequatorialzone bis tief in die gemässigten Zonen hinein. So an der Küste von Guinea und Brasilien, in der Bai von Panama u. s. w., wo zu gewissen Jahreszeiten, mehr oder weniger entschieden, für einige Zeit beständige Winde eintreten; selbst die auf dem mittelländischen Meere im Sommer herrschenden Nordwinde, die sich bis Creta erstrecken und daselbst im Winter in Südwinde übergehen, können dazu gezählt werden.

Zu den periodischen Winden gehören ferner die Land- und Seewinde, welche an den Küsten, namentlich der Inseln in den tropischen Meeren, während des Tages und der Nacht mit einander abwechseln. Bei Tage wird die Luft über den Inseln stärker erwärmt, als über dem Meere, und es entsteht eine Strömung vom Meere nach der Insel, also ein Seewind; in der Nacht dagegen, wo die Luft über dem Festlande aus den oben angeführten Gründen kühler wird als über dem Meere, nimmt der Wind die entgegengesetzte Richtung vom Lande nach der See an, und es zeigt sich ein Landwind. Der Uebergang von einem zum andern ist allmählig, wie der Uebergang der Temperaturen der Luft nur langsam, nach und nach erfolgt. Der Seewind fängt Morgens gegen 9 Uhr an, wird bei zunehmender Wärme immer stärker bis gegen 2 und 3 Uhr des Nachmittags. Mit abnehmender Temperatur der Luft wird er schwächer und bei Sonnenuntergang, wo die Temperaturdifferenz der Luftmassen sich ausgleicht, tritt Windstille ein. In der Nacht erst, wenn die mehr erwärmte Luft über dem Meere nach oben steigt, erhebt sich der Landwind, der, bis zum Sonnenaufgang immer stärker werdend, gegen 8 Uhr sich nach und nach legt, um gegen 10 Uhr seinem Bruder, dem Seewinde, zu weichen.

Auch in den gemässigten Zonen, wenn auch nicht in aller Regelmässigkeit, werden nicht selten solche Land- und See-Winde in ihrem Wechsel beobachtet, wie auf Creta, zu Marseille; und selbst an den Gestaden grosser Binnenseen, wie am Boden- und Garda-See u. a. m. tritt diese Erscheinung ein. Mit den Morgen- und Abendwinden hat es dieselbe Bewandniss.

Auch folgende Erscheinungen können hier angereiht werden.

Für unsere Gegend, wie für andere in Deutschland tritt nicht selten namentlich im April und Mai eine Periode ein, wo die Nächte klar und heiter sind, bei Tage aber einzelne dichte Wolken hinziehen. Dabei bemerken wir folgende Wechselung: Ist die Sonne frei, so ist es mild, ja warm, und es herrscht Windstille; tritt aber vor dieselbe auf einige Zeit eine solche Wolke, so entsteht ein sehr merklich kühler Wind, der wieder verschwindet, sobald die Wolke vorübergezogen ist. Diese Erscheinung erklärt sich aus der abwechselnden Erwärmung der Luft. An den Stellen, wo die untere Luftschicht durch die Sonne erwärmt wird, kann dieselbe wegen der Ausdehnung nach oben die Strömung der oberen Luftschicht, die sich in dem Zuge der Wolken kund giebt, nicht annehmen, wird aber derselben alsbald folgen, sobald sie in den Schatten tritt.

Im hohen Sommer an recht heissen Tagen nehmen wir bei sonst ruhiger Luft an dem Rande dichter Wälder einen kühlen Wind, der aus denselben herausweht, wahr. Die Erklärung ist einfach. Die Erscheinung ist gleichfalls eine Folge ungleicher Erwärmung der Luftmassen im Schatten der Bäume und ausserhalb des Waldes. Dass überhaupt die kältere, dichtere Luft das Streben zeigt, in die wärmere, dünnere einzuströmen, beweisst auch die Erscheinung, dass von den mit Schnee und Eis bedeckten Gipfeln hoher Berge, auch selbst aus hochgelegenen kühlen Thälern fortwährend oder periodisch die kalten Luftmassen auf die mehr erwärmten unteren Ebenen sich senken und dadurch mehr oder weniger starke Winde, die oft eine Zeitlang anhalten, erzeugen; daher die Alten die Gebirge als den Sitz der Winde bezeichneten.

Ausserhalb der Wendekreise hören die regelmässigen Winde auf, und es treten an ihre Stelle die veränderlichen, d. h. solche, die ihre Richtung häufig wechseln und dabei aus allen Weltgegenden wehen, ohne dass sie zu einer bestimmten Zeit wieder eine bestimmte Richtung annehmen und dieselbe eine gewisse Zeitlang beibehalten. Doch herrschen in einigen Gegenden gewisse Winde vor, ohne dass sie den Charakter eines periodischen Windes haben. Auf der nördlichen Halbkugel haben die meisten Winde eine südwestliche, auf der südlichen eine nordwestliche Richtung. Die Ursachen davon sind in den oberen Passatwinden zu suchen. Ueberschreiten dieselben die heisse Zone, so werden die Luftmassen immer mehr abgekühlt, und dadurch dichter und schwerer; daher senken sie sich allmählich und erreichen schon in den gemässigten Zonen den Boden der Erde, und zwar der auf der nördlichen Hemisphäre als Südwest-, der auf der südlichen als Nordwest-Wind. Auf der nördlichen Hälfte wird dieser Südwestwind mit dem von dem Pole kommenden Nordostwinde zusammentreffen, und während diese Winde in der heissen Zone übereinander in verschiedenen Luftschichten wehten, treten sie in der gemässigten Zone neben einander und einer sucht den andern zu verdrängen. Der stärkere wird die Oberhand gewinnen und durch den anderen nur in seiner Richtung verändert werden; daher erfolgt der Uebergang aus einer Windrichtung in die andere durch die ganze Windrose hindurch. Da der Kampf ein dauernder ist, so kann der Wind nie längere Zeit dieselbe Richtung beibehalten, auch kann nicht eine regelmässige Abwechslung stattfinden, aber bei einer genauen Beobachtung der Windrichtungen eines Ortes wird sich ergeben, dass der eine Wind im Jahre öfter weht als der andere, und dass daher dieser der vorherrschende für denselben ist. Die Beobachtungen für ganz Europa ergeben den Südwestwind als den vorherrschenden und ein Zurücktreten des Nordostwindes; daraus kann man schliessen, dass grössere Luftmassen vom Acquator nach dem Pole strömen, als von diesem nach jenem zurückkehren. Die dadurch entstandene Anhäufung der Luftmassen im Norden gleicht sich nach Kæmtz durch einen in den höheren Regionen vorherrschenden Polarstrom aus; Dove dagegen schliesst aus der starken Krümmung der Isothermen im Innern des Festlandes, dass daselbst Nordwinde vorherrschen müssen, welche die angesammelten Luftmassen wieder dem Süden zuführen, was um so wahrscheinlicher ist, als Kæmtz Beobachtungen selbst ergeben, dass im östlichen Europa die Nordost- und Nordwest-Winde die häufigeren sind. Auf der südlichen Halbkugel werden zwischen dem Nordwest- und dem Südost-Winde, die dort einander bekämpfen, ähnliche Erscheinungen sich zeigen.

Wenn nun auch in den höheren Breiten die Windrichtungen sehr häufig mit einander wechseln, so findet doch im Ganzen eine gesetzmässige Aufeinanderfolge statt. Auf der nördlichen Halbkugel dreht sich der Wind von Nord durch Ost, Süd und West, auf der südlichen dagegen derselbe von Süd durch Ost, Nord und West. Für Europa wurde dieses Gesetz wohl zuerst durch Baco von Verulam aufgestellt und von den späteren Physikern aufgenommen, ohne dass es einer versuchte, diese Erscheinung genügend zu erklären und mit den allgemeinen Bewegungsgesetzen unserer Atmosphäre in ursächliche Verbindung zu bringen, bis in der Neuzeit dieses Gesetz durch Dove auf genügende Weise begründet worden ist. Dass regelmässig die Winde in der in dem obigen Gesetze angegebenen Richtung wechseln, dass daher auf einen Südwind immer ein Westwind folgen müsse u. s. w., ist allerdings nicht der Fall, denn es wird oft der Ostwind nach Norden zurückspringen, aber dann wieder über Osten, Süden und Westen seine Richtung wechseln und nur sehr selten im entgegengesetzten Sinne durch die ganze Windrose zu seiner früheren Richtung zurückkehren.

Der Begründer dieses Gesetzes legt seiner Erklärung die beiden Luftströme, den Acquatorial- und den Polar-Strom, die in der gemässigten Zone neben einander wehen und einander bekämpfen, zu Grunde. Auf der nördlichen Hälfte der Erde hat, wie oben schon erwähnt, der südwestliche Aequatorialstrom schon wegen der Rotation der Erde an und für sich das Streben, eine westliche Richtung anzunehmen, während der nordöstliche Polarstrom immermehr der östlichen Richtung sich zuneigt. Diese Richtungen der beiden Ströme sind aber einander nicht diametral entgegengesetzt, sondern sie bilden Tangenten zu krummen Linien, welche nach und nach von den geänderten Richtungen beschrieben werden. Daher werden jene Ströme suchen, einander in eine drehende Bewegung zu setzen. Der südwestliche, als der stärkere, wird den nordöstlichen zurückhalten, aber von diesem in die westliche Richtung gedrängt werden, daher der Südwestwind gewöhnlich in einen Westwind übergeht. Dieser bringt eine ungeheure Menge von Wasserdünsten mit, die sich nach und nach bei seinem weiteren Fortschreiten niederschlagen; dadurch wird die Masse dieses Windes vermindert und der sich vordrängende, dichtere Nordostwind wird ihn in einen Nordwest und weiter in einen Nordwind verwandeln. Dieser geht dann von selbst in einen Nordostwind über und es beginnt dann von Neuem der Kampf mit dem südwestlichen Winde. Jedoch kann auch der Westwind, wenn der Aequatorialstrom ferner die Oberhand behält nach Süden zurückgedrängt werden und daher eine entgegengesetzte Drehung annehmen, ebenso der Nordostwind wieder nach Norden zurückspringen. Auch auf der südlichen Hälfte der Erde, wie einzelne Beobachtungen es darthun, findet eine solche Drehung des Windes im entgegengesetzten Sinne aus gleichen Ursachen statt.

Den einfachsten Fall des Drehungsgesetzes liefern uns die Moussons; welche die Drehung durch die Windrose erst im Laufe eines Jahres vollenden, während dies bei den veränderlichen Winden nicht selten innerhalb 24 Stunden geschieht.

d. Heisse Winde. Eine ganz eigene, höchst merkwürdige Klasse von Winden sind die sogenannten heissen; merkwürdig nicht allein wegen ihrer besonderen Eigenschaften, sondern auch dadurch, dass sie eine Strömung verfolgen, welche gegen die Theorie der Winde verstösst, denn sie kommen aus heissen Gegenden und strömen nach kälteren; verdünnte Luft dringt in die dichtere ein. In heissen Gegenden, namentlich in den heissen Wüsten Afrikas und Asiens wird der sandige Boden durch die fast senkrecht auffallenden Sonnenstrahlen bis auf einen unglaublich hohen Grad erhitzt; durch die Rückstrahlung werden auch die darüber schwebenden Luftmassen eine sehr hohe Temperatur, 40—50° C., erhalten, die in Bewegung gesetzt, jene heissen Winde erzeugen, welche die Menschen fast zum Verschmachten ermatten, ja selbst in Todesgefahr bringen. Die bekanntesten davon sind: der Harmattan, Chamsin und Samum nebst den in Europa auftretenden Sirocco und Föhn.

Der Harmattan ist ein Ost- oder Nordost-Wind, der in kurzen Perioden, 8 höchstens 12 Tage lang, an der Westküste Afrikas, namentlich in Senegambien weht. Derselbe zeigt sich an der Goldküste um Weihnachten, mehr nach dem Innern von Afrika zu im Februar und in Senegambien fällt die Periode seines Wehens in den Mai.

Sein Nahen wird dadurch angekündigt, dass die Sonne ungewöhnlich roth aufgeht. Diese Erscheinung rührt davon, dass der über die Wüste hinstreichende Wind den feinen Staub in die Höhe hebt und mit sich fortführt. Dadurch wird auch für die Gegend, wo der Wind eingetreten ist, der Himmel trübe und röthlich und die Sonne selbst ist in einen dicken rothen Nebel eingehüllt. Der feine Wüstensand, der die Röthung verursacht, dringt überall, selbst in gut verschlossene Räume ein, bewirkt in den Augen eine schmerzhafte Empfindung und belästigt die Athmungswerkzeuge, so dass die Menschen ihr Gesicht mit nassen Tüchern bedecken und die Thiere den Kopf abwärts wenden, um dem nachtheiligen Einflusse zu entgehen. Dabei besitzt dieser Wind eine ausserordentliche Trockenheit, so dass er dadurch für die Vegetabilien sehr verderblich wird. Hält er einige Tage an, so vertrocknen Gräser und Kräuter; die Blätter der Bäume werden welk und zuletzt so trocken, dass man sie zerreiben kann; in den Gebäuden schwindet das Holzwerk und bekommt bedeutende Risse. Auch Menschen und Thiere haben durch die trockene Hitze viel zu leiden. Der Haut wird jede Feuchtigkeit vollkommen entzogen; sie reisst auf und schält sich ab; setzt sich nun der feine Staub auf die entblössten Stellen, so werden dadurch die unerträglichsten Schmerzen verursacht. Anderseits aber besitzt dieser Wind für manche Krankheiten, wie für faulige Fieber, Rheumatismen u. dgl. eine heilende Kraft.

Chamsin, so heisst der heisse Wind in Aegypten, der um die Zeit der Nachtgleichen innerhalb 50 Tagen auftritt; daher auch sein Name, denn Chamsin bedeutet in der koptischen Sprache „fünfzig." Derselbe kommt aus Südwesten und ist wohl desselben Ursprungs, wie der Harmattan auf der Westküste Afrikas. Er hält nur immer zwei bis drei Tage an und besitzt alle Eigenschaften des Harmattan; er ist sehr heiss und trocken und führt, wie derselbe, einen sehr feinen Staub mit sich, der als die Ursache der in Aegypten sehr häufig auftretenden Augenentzündungen angesehen wird.

Samum, ein Nordwestwind im steinigen Arabien, kommt über wüste Landstriche zwischen dem arabischen Meerbusen und dem Nilthale her, und hat daher auch seinen Ursprung in den Wüsten Afrikas, von wo aus er seinen Weg über das sumpfige Nilthal nimmt und sich wahrscheinlich mit dem Südwinde aus der grossen arabischen Wüste mengt. Diesem Winde werden giftige Eigenschaften zugeschrieben, daher das Wort von „samma" vergiften, abgeleitet wird; nach Schott heisst samma aber auch „heiss sein," so dass Samum wohl nichts anderes als einen heissen Wind bezeichnet. Die Erzählungen von seinen tödtlichen Wirkungen mögen sehr übertrieben sein und sich nur auf die nachtheiligen Einflüsse, die wir beim Harmattan haben kennen gelernt, beschränken. Er weht in den Monaten Juni, Juli und August, aber nur immer einige Stunden anhaltend, und geht oft in einen Wirbelwind über, der nur wenige Minuten dauert. Er zeigt sich nur bei Tage, selten bei Nacht, und soll auf dem Wasser augenblicklich seine schädlichen Wirkungen verlieren. Wie der Harmattan kündigt sich auch dieser schon dadurch an, dass die Gegend, woher er kommt sich röthet. Gegen seinen nachtheiligen Einfluss suchen sich die Reisenden auf dieselbe Weise zu schützen, wie gegen den Harmattan; sie hüllen ihren Kopf in Tücher ein, und wenn der Wind heran kommt, werfen sie sich mit dem Gesichte zur Erde. Da dieser Wind stossweise wirbelartig auftritt, so mag derselbe nicht selten grössere Sandmassen in der Höhe mit forttreiben, ob aber so grosse, dass, wie erzählt wird, ganze Karavanen verschüttet worden sind, ist zweifelhaft und eher anzunehmen, dass ihr Untergang mehr der Ermattung durch die ungeheure Hitze und durch das Einathmen des feinen Staubes zuzuschreiben ist. Aus gleicher Ursache mag wohl auch das Heer des Kambyses, welches er gegen die Ammoniten schickte, zu Grunde gegangen sein. Was den giftigen Hauch dieses Windes, welchen einige dem Dufte der zwischen dem Nilthal und dem arabischen Meerbusen häufig vorkommenden Lorbeerrose oder Khezrapflanze zuschreiben, anbetrifft, mag wohl in das Reich der Fabel gehören.

Sirocco. Auch an der Nordküste von Afrika weht zuweilen ein heisser Wind, der über das Atlasgebirge kommend, den Namen Sirocco führt, und dieselben Eigenschaften nur in einem minderen Grade, als der Harmattan besitzt. Seine Entstehung ist gleichfalls in der grossen Wüste Afrikas zu suchen, von wo aus überhaupt alle heissen Winde ihren Ursprung nehmen, und er selbst als eine Fortsetzung des Harmattan zu betrachten. Mehr wird dieser Wind beachtet und davon gesprochen in den Ländern, wohin er nach seinem Uebergange über das Mittelmeer gelangt und nachtheilige Wirkungen äussert. Nicht allein in Italien, sondern auch im südlichen Frankreich und Spanien ist dieser Wind hinlänglich bekannt, in Italien und Frankreich unter dem Namen Sirocco, in Spanien unter dem Namen Solano. Seine Abstammung aus der Wüste ist unzweifelhaft, denn je näher ein Land, wo er eintrifft, an Afrika liegt, desto heisser weht er, desto mehr setzt er von dem röthlichen Staube, der ihn kennzeichnet, daselbst ab. Bei seinem Uebergange über das Mittelmeer verliert er wohl seine ausserordentliche Trockenheit, seine Hitze aber und seine erschlaffenden Eigenschaften behält er bei. Auf Malta hat er noch ganz die Eigenschaften des Harmattan, so dass er gar nicht als seine Fortsetzung zu verkennen ist. Die Malteser halten ihn auch für giftig und schreiben dem rothen, feinen Staube, der sich im Wasser niederschlägt, eine tödtliche Wirkung zu. Auch in Italien, wo er doch schon mit Dünsten gesättigt ankommt, wirkt er noch ganz erschlaffend auf Körper und Geist, so dass durch ihn körperliche und geistige Arbeiten sehr erschwert werden. Die Blätter der Pflanzen werden durch diesen Wind nicht trocken und dürr gemacht, sondern durch ihn wie durch heissen Wasserdampf verbrüht; die

Poren der Menschen durch ihn zwar geöffnet, aber jede Ausdünstung unterdrückt, daher die Qualen, die er verursacht. Nachtheilige Folgen für die Gesundheit hat der Sirocco nicht, und wenn er auch ermattet, so fühlen sich die Menschen doch wieder bald munter, sobald, was gewöhnlich der Fall ist, der Nordwind eintritt. Als eine Fortsetzung des Sirocco wird der Föhn angesehen, der über die Alpen kommend, oft mit grosser Heftigkeit in einige Thäler der Schweiz herabstürtzt und nicht selten sich über einige Theile des südlichen Deutschlands erstreckt. Er ist ein Südwind, doch erscheint er nicht zu derselben Zeit, wie der Sirocco in Italien; im Frühjahr und im Herbst ist er am häufigsten, seltener im Winter und sehr selten im Sommer und dauert manchmal nur einige Stunden, manchmal aber über acht Tage. Vor seinem Eintritt ist die Atmosphäre in Nebel gehüllt, die sich zuerst in der Höhe zeigen und bei seinem Auftreten zu Boden senken; die Pflanzen werden welk, die Thiere unruhig, und die Menschen überfällt eine Müdigkeit mit Schlaflosigkeit, die bei längerer Dauer mit Ermattung und Erschlaffung verbunden ist. Für die Triften wird er im Frühjahr insofern verderblich, dass er durch seine Wärme eine zeitige Vegetation hervorruft, die durch die folgende Kälte wieder vernichtet wird.

Die im Vorhergehenden betrachteten heissen Winde sind die bekanntesten, weil die Gegenden, wo sie einheimisch sind, des Handels wegen schon in der frühesten Zeit besucht wurden. Aber in und an allen grösseren Wüsten, wo die Bedingungen zu ihrer Erzeugung vorhanden sind, zeigen sich dergleichen heisse Winde; so am westlichen Ende der Wüste Kobi, in einigen Gegenden Hindostans, so wie auf den Llanos in Amerika und in den Steppen des südlichen Russlands.

e. Kalte Winde und Schneestürme. Einen Gegensatz zu den heissen Winden bilden die kalten, nehmlich solche, welche eine Temperatur, tief unter der mittleren der Gegend, wo sie auftreten, zeigen. Solche Winde gehören gewöhnlich längeren Thälern an, in welche höher gelegene Seitenthäler münden. Aus diesen strömen kalte Luftmassen nach dem Hauptthale und erzeugen darin einen eigenthümlichen Wind, der um so kälter ist, wenn in den Seitenthälern den ganzen Sommer über Schnee und Eis lagert. Da die Luftmassen wegen ihrer niederen Temperatur sehr wenig Wasserdampf enthalten, so sind solche Winde sehr trocken. Vorzugsweise finden sich dieselben im hohen Asien, in Tibet, und halten als Nord- oder Nordost-Winde oft mehrere Tage an. Wegen ihrer ausserordentlichen Trockenheit bewirken sie, dass das Holzwerk Risse bekommt und die Haut der Menschen aufspringt. Daher werden sie wegen des letzteren Umstandes den Reisenden höchst nachtheilig, namentlich wenn sie sturmartig werden. Nicht selten haben Reisende, welche nicht schnell genug in Wohnungen Schutz finden konnten, es mit dem Verluste ihrer Gesichtshaut gebüsst. Einen merkwürdigen Gegensatz zu den heissen Winden von Beludschistan bilden die kalten und schneidenden Winde, die daselbst zuweilen in den Sommermonaten auftreten. Oft, wenn der heisse Wind wirbelartig dichte Sandsäulen in die Höhe treibt, tritt ein kalter Wind, meistens von Regengüssen begleitet, unerwartet ein und hält etwa eine halbe Stunde an; dabei ist er so heftig, dass die Reisenden Schutz hinter ihren Kamelen suchen müssen. Die unerträgliche Hitze jener Gegend, wird durch ihn auf einige Zeit gemildert. Aehnlich diesen kalten Winden, aber sehr gefährlich sind die kalten Stürme in den russischen Steppen, Wiuga genannt. Sie sind stets mit Schneegestöber begleitet und dabei so heftig, dass sich Niemand ohne die dringendste Noth aus seiner Wohnung wagt, oft nicht einmal in die Ställe, um das Vieh zu füttern. Wenn Heerden im Freien von einem solchen Sturme überfallen werden, so gerathen sie, wenn sie durch die Flucht sich zu retten suchen, oft in Schluchten, wo sie dann im Schnee ihren Untergang finden. Dazu gehören auch die Schneestürme, die weniger durch ihre Kälte, als durch ihre Heftigkeit für Menschen und Thiere gefahrbringend werden; wie in den Alpen und in Norwegen. Am heftigsten sind sie in Kamtschatka und Neufundland. Aber nicht allein in bedeutenden Höhen oder in höheren Breiten, sondern auch in südlichen Gegenden, wo die Temperatur im Sommer einen sehr hohen Grad erreicht, finden sich dergleichen Schneestürme, wie z. B. in Persien.

f. Richtung der Winde. Gewöhnlich wird angenommen, dass die Winde sich in horizontaler Richtung fortbewegen. Im Allgemeinen mag dies richtig sein, denn beim längeren Fortschreiten über der Oberfläche der Erde müssen sie eine solche annehmen. Doch die Unebenheiten derselben, namentlich die Berge, bieten ihnen Hindernisse, so dass die Luftmassen auf der Vorderseite wie auf einer schiefen Ebene aufsteigen, auf der entgegengesetzten Seite aber wieder zur Tiefe hinabsinken müssen. Dadurch wird schon eine geneigte Richtung des Windes bedingt. Anderseits wissen wir, dass die wärmeren Luftschichten nach oben steigen, die kälteren dagegen herabsinken und dass darin eine wesentliche Ursache für das Entstehen der Winde zu suchen ist. Ein auf diese Weise entstandener Wind kann von Anfang an nie eine horizontale Richtung haben. Auch die Bildung der Wasserwellen sprechen für eine zum Horizont geneigte Richtung der Winde. Im Allgemeinen können wir annehmen, dass die Winde bei ihrem Entstehen eine geneigte Richtung haben, bei ihrer Fortbewegung die horizontale annehmen, und dieselbe so lange beibehalten, bis durch eintretende Hindernisse, die zum Theil in der Beschaffenheit der Erdoberfläche, zum Theil in der wechselnden Temperatur der Luftschichten liegen, dieselbe stellenweise unterbrochen wird.

Die Passate, wie wir gesehen, haben immer eine bestimmte Richtung, und zwar der obere die entgegengesetzte von dem unteren. Die Grenze zwischen beiden ist schwer zu bestimmen und nur im Allgemeinen wissen wir, dass die Höhe derselben mit der Zunahme der Breitegrade abnimmt.

In den mittleren Breiten, wo die veränderlichen Winde wehen, zeigen sich in den verschiedenen Höhen sehr verschiedene Windrichtungen, wie sich dies leicht aus der Richtung der Windfahne und dem Zuge der Wolken erkennen lässt. Bald bilden die Richtungen kleinere oder grössere Winkel, bald sind sie einander entgegengesetzt; die Windfahne zeigt Westwind an und die Wolken ziehen nach Süden oder gar nach Westen. Auch beim Aufsteigen eines Luftballons lassen sich die verschiedenen Richtungen der übereinander hinstreichenden Winde verfolgen. So verschieden die Windrichtungen bei ungleichen Höhen, so verschieden sind sie oft in derselben horizontalen Ebene. Beim Föhn z. B. ist nicht selten an einem Orte Windstille, während wenige hundert Schritte davon entfernt, Bäume entwurzelt und Dächer abgedeckt werden. Ueberhaupt finden wir, dass bei einem ziemlich starken Winde die Windfahne unaufhörlich sich dreht und bald kleinere bald grössere Bogen durchläuft, die sich nicht selten bis zum Halbkreise erweitern. Die Ursache davon kann nur darin liegen, dass Winde in verschiedenen Richtungen neben einander wehen, und einander zu verdrängen suchen.

g. Geschwindigkeit und Stärke der Winde. Die Geschwindigkeit und Stärke der Winde, d. h. die Kraft, womit sie wirken, sind von einander abhängige Grössen. Um das Verhältniss zwischen beiden zu finden, ging Newton von der Annahme aus, dass bei einer n fachen Geschwindigkeit flüssiger Körper n mal mehr Theilchen, jedes mit n facher Geschwindigkeit gegen eine gegebene Fläche stossen und daher die Wirkung mit dem Quadrate der Geschwindigkeit wachse, und stellte zuerst den Satz auf: die Kraft, womit die bewegte Luft wirkt, ist dem Quadrate der Geschwindigkeit proportional. Wird dieser Satz als richtig angenommen, so kann man auf folgende Weise eine Formel finden für die Kraft, mit welcher die bewegte Luft auf eine feste Fläche stösst. Nach einem physikalischen Gesetze sind die Wirkungen bewegter Körper nicht allein von der Geschwindigkeit, sondern auch von der Masse abhängig, d. h., sie stehen im zusammengesetzten Verhältnisse der Masse und der Geschwindigkeit. Für flüssige Körper wird daher dieses Gesetz durch folgende Proportion ausgedrückt:

$$1) \quad Q : q = MC^2 : mc^2.$$

Setzt man $(Q = q)$, so ist auch:

$$2) \quad MC^2 = mc^2.$$

Da das Wasser 779 mal schwerer ist als die Luft, so würde, wenn M eine Masse Wasser, m eine gleich grosse Masse Luft bezeichnet:

$$3) \quad 779 \, mC^2 = mc^2,$$

$$4) \quad 779 \, C^2 = c^2,$$

$$5) \quad c = C \sqrt{779},$$
$$6) \quad c = 27,9 \, C,$$

d. h. die Luft muss eine 27,9 mal grössere Geschwindigkeit haben als das Wasser, wenn sie dieselbe Kraft, wie jenes ausüben soll.

Die Kraft mit welcher fliessendes Wasser auf einen ruhenden festen Körper wirkt, ist gleich dem Gewichte eines Wasserprismas, dessen Grundfläche die gestossene Fläche und dessen Höhe die aus der Geschwindigkeit sich ergebende Fallhöhe ist. Bezeichnet F die gestossene Fläche, h die Fallhöhe und p das Gewicht eines Cubikfuss Wasser, so ist:

$$1) \quad Q = F h p.$$

Da nach einem physikalischen Gesetze,

$$2) \quad h = \frac{c^2}{4 \, g}$$

(worin c die Geschwindigkeit, g die Fallhöhe eines Körpers in der ersten Secunde, 15 Fuss, bezeichnet), so würde, wenn in $\mathcal{N}$? 1 statt h dieser Werth eingesetzt wird:

$$3) \quad Q = F \cdot \frac{c^2}{4 \, g} \cdot p.$$

Will man die Kraft kennen, mit welcher ein Cubikfuss Wasser, oder 60 *ll.* Zollgewicht, bei ein Fuss Geschwindigkeit auf ein Quadratfuss Fläche stösst, so darf man in obige Formel nur die Zahlenwerthe einsetzen, und es ergiebt sich

$$4) \quad Q = 1 \cdot \tfrac{1}{60} \cdot 60,$$
$$5) \quad Q = 1 \, ll.,$$

d. h. ein Cubikfuss Wasser übt bei einem Fuss Geschwindigkeit auf einen Quadratfuss Fläche eine Kraft von 1 *ll.* Zollgewicht aus.

Nach dem oben Gesagten würde daher der Wind bei 27,9 Fuss Geschwindigkeit gegen einen Quadratfuss Fläche mit einer Kraft von 1 *ll.* stossen. Daraus folgt: Bei einer Geschwindigkeit von 55 Fuss stösst der Wind beinahe mit einer Kraft von 4 *ll.*, bei einer Geschwindigkeit von 84 Fuss mit einer Kraft von 9 *ll.*, und hat er eine Geschwindigkeit von 140 Fuss erreicht, so würde seine Wirkung auf den Quadratfuss mehr als 25 *ll.* betragen. Umgekehrt könnte aus der Kraft des Stosses die Geschwindigkeit berechnet werden.

Die Erfahrung liefert allerdings andere Resultate als die Theorie, denn ein Wind, welcher sich mit 140 Fuss Geschwindigkeit fortbewegt, entwurzelt Bäume und reisst Mauern nieder, dies könnte aber nicht geschehen, wenn seine Kraft auf den Quadratfuss nur 25 *ll.* wäre; es würde wenigstens die zwanzigfache dazu erforderlich sein. Die Ursache mag grossentheils darin liegen, dass jeder nur etwas stärkere Wind stossweise weht und stets eine mehr oder weniger wirbelnde Bewegung zeigt; daher kann an einem

Orte der Wind eine grosse Kraft ausüben und dabei doch mit geringer Geschwindigkeit fortschreiten. Um die Geschwindigkeit des Windes zu messen, giebt es mehrere Methoden. Schon in früher Zeit suchte man dieselbe durch den in einer bestimmten Zeit zurückgelegten Weg leichter Körperchen, welche durch den Wind in der Richtung seiner Bewegung fortgeführt werden, z. B. Seifenblasen, Federn und dgl. zu bestimmen. Dieses Mittel kann jedoch nur bei mässigen Winden, nicht aber bei Stürmen angewendet werden, weil bei denselben die Bewegung eine wirbelnde ist.

Eine andere Methode ist, aus der Bahn, welche der Schatten bewegter Wolken beschreibt, die Geschwindigkeit zu ermitteln. Aber eine genaue Messung kann auch durch diese Methode nicht erzielt werden, denn die Wolken verändern auf ihrem Zuge häufig ihre Form und ihre Ränder sind selten scharf begränzt. Am geeignetsten, die Geschwindigkeit starker Winde zu messen, sind Fahrten in Luftballons, aber dergleichen werden selten angestellt und sind auch bei Stürmen gefährlich. Im Allgemeinen ergeben die Beobachtungen, dass ein mässiger Wind eine Geschwindigkeit von 10—12′ hat und ein heftiger Wind in einer Sekunde 25—40′ zurücklegt. Winde mit grösserer Geschwindigkeit nennt man Stürme und bei mehr als 100′ Geschwindigkeit Orkane.

Zur Messung der Stärke des Windes hat man mehrere Instrumente, Anemometer, eingerichtet. Die einen messen den Druck, den der Wind auf eine vertikal aufgestellte Tafel ausübt, die anderen, um welchen Winkel eine solche an einem beweglichen Stabe aufgehangene Tafel durch die Kraft des Windes gehoben wird. Die einfachste Einrichtung der ersteren ist folgende: Eine Tafel von 1 Quadratfuss Fläche ist an einer vierkantigen Stange senkrecht befestigt; diese passt genau in ein vierkantiges hohles Parallelepipedum, auf dessen Grunde eine Spiralfeder angebracht ist. Weht der Wind gegen die Tafel, so treibt der Druck die Stange in das hohle Parallelepipedum mehr oder weniger tief hinein und auf der an der Stange angebrachten Skala kann man die Grösse des Druckes in Gewichtstheilen ablesen. Die anderen bestehen bei der einfachsten Vorrichtung aus einer dünnen Stange, welche an einer leicht beweglichen, horizontal liegenden Axe aufgehangen ist, und an deren unterem Ende eine Scheibe von bestimmter Grösse sich befindet. Stösst der Wind gegen die Scheibe, so wird die Stange die vertikale Richtung verlassen und mit derselben einen Winkel bilden, welcher auf einem zweckmässig angebrachten Quadranten abgelesen wird. Aus diesem Winkel nun kann die Grösse des Stosses berechnet werden.

(Ueber die anderen Erscheinungen in der Atmosphäre später.)

Roll.

Schulnachrichten.

A. Allgemeine Lehrverfassung.

I. Ober- und Unter-Prima. Klassenlehrer der Director.

1. **R**eligion. a) Für die katholischen Schüler 2 Stunden wöchentlich Religionslehrer Sockel. Glaubenslehre: die Gnadenmittel, die besondere und allgemeine Vollendung. Die allgemeine Sittenlehre. b) Für die evangelischen Schüler 1 St. wöchentlich Superintendent Jacob: im Winter Symbolik, im Sommer Wiederholung.

2. Latein 8 St. w. der Director. 3 St. Horat. carm. lib. III, IV. satir. lib. I, I, 3, 4, 6, 9. epist. lib. I. 1 — 13. 3 St. Cicer. Tusc. disputt. lib. I, III, V. 2 St. Stilübungen nach Süpfle 3. Theil. Memoriren aus Horaz und Cicero. Themata der lateinischen Aufsätze. 1. Hannibal Romanis in ipsorum terra bellum infert. 2. Themistocles patria pulsus ad Persas fugit. 3. De bellorum a Romanis contra Mithridatem gestorum magnitudine. 4. Argumentum libri I. Tusc. disputt. explicetur. 5. De causis, cur Athenienses pristinum rerum suarum florem repetere non potuerint. 6. Bellorum civilium apud Romanos causae et eventus explicentur. 7. Enarretur expeditio, quam decem millia Graecorum cum Cyro in Asiam fecerunt. 8. Belli adversus piratas apud Romanos origo et eventus. 9. Non solum de bonis literis sed etiam de publica salute Cicero bene meruit. 10. Graeciæ civitates maritimæ principatum ad Athenienses transferunt. 11. Magna ingenia publicæ saluti sæpe perniciosa esse exemplis illustretur. 12. Quibus malis labefactata respublica Romana tandem corruerit.

3. **Griechisch** 6 St. w. der Director. 2 St. Sophocles Oedipus tyrannus und Oedipus Coloneus. 2 St. Platon's Apologie und Criton; Thucydides lib. I. cap. 1 — 32 und 44 — 60. 1 St. Hom. Il. lib. I — VI. 1 St. Grammatik, syntaxis casuum et modorum; Uebersetzungen aus dem Deutschen ins Griechische. Exercitien und Compositionen.

4. **Deutsch** 3 St. w. Oberlehrer Liedtki. Die Hauptlehren der Rhetorik, Uebungen im Vortrage eigener Arbeiten und Erklärung classischer Stücke: Göthe's Iphigenie auf Tauris, die natürliche Tochter; Schiller's Braut von Messina. Beurtheilung der angefertigten Aufsätze, deren Themata waren: 1. Wer ist ein unglücklicher Mann? Der nicht befehlen und nicht gehorchen kann. 2. Die gute Zeit ist wohl vorbei, Allein die Guten bringen sie zurück. 3. Wer mit dem Leben spielt kommt nie zurecht: Wer sich nicht selbst befiehlt, bleibt immerdar ein Knecht. 4. Erst wäge, dann wage! 5. Die erste Frucht, die Wissen bringen soll, Ist die, dass aller Wohl dir lieg' am Herzen. 6. Dein Wahlspruch sei: Vergnügen ohne Reu'. 7. Widerlegung des Satzes: Die Urtheile der Menschen über uns sind uns gleichgültig. 8. Gut verloren, etwas verloren; Ehre verloren, viel verloren; Muth verloren, alles verloren. 9. Gesell dich einem Bessern zu, dass mit ihm deine bessern Kräfte ringen. 10. Tausend Fliegen hatt' ich am Abend erschlagen; doch weckte mich eine beim frühesten Tagen. 11. Inwiefern ist der Ausspruch wahr: Wer nicht an Tugend glaubt, hat selbst keine? 12. In müssiger Weile schafft der böse Geist.

5. **Französisch** 2 St. w. Professor Heimbrod. Grammatik: Wiederholung der Syntax. Deutsch-französische Uebungen. Lecture einige Abschnitte aus Karkers Handbuche und des L'avare von Molière.

6. **Hebräisch** 2 St w. Religionslehrer Sockel. Grammatik nach Gesenius: Wiederholung und Beendigung der Formenlehre, das Wichtigste aus der Syntax. Lecture: Moses II, cap. 2 — 6, 12 — 16; Richter 4, 13, 14; Psalm 34, 92, 93, 114, 115, 116. Schriftliche Arbeiten.

7. **Mathematik** 4 St. w. Oberlehrer Rott. Die Gleichungen des 2. Grades mit einer und mehreren Unbekannten; die logarithmischen Gleichungen, die Progressionslehre nebst Zins- und Renten-Rechnung. Wiederholung und Vervollständigung der Stereometrie und Trigonometrie. Correctur der schriftlichen Arbeiten. Handbuch von Brettner.

8. **Geschichte und Geographie** 3 St. w. Oberl. Liedtki. Die neuere Geschichte nach dem Handbuche von Pütz. Einige Stunden wurden auf den geographischen Unterricht verwandt.

9. **Physik** 2 St. w. Oberlehrer Rott. Akustik, die Lehre von der Wärme; das Wichtigste aus der Meteorologie. Nach jedem Abschnitte eine kurze Wiederholung, wobei die Gesetze durch Experimente erläutert wurden. Handbuch von Brettner.

10. **Gesang** 1 St. w. Gymnasiallehrer Wolff.

II. Ober-Secunda. Klassenlehrer Gymnasiallehrer Schneider.

1. **Religion.** a) Für die katholischen Schüler 2 St. w. Religionslehrer Sockel. Die Lehre von der Kirche und die Kirchengeschichte bis zum Concil von Trient. b) Für die evangelischen Schüler 1 St. w. Superintendent Jacob; im Winter das 6. Hauptstück, im Sommer Kirchengeschichte von 1500 — 1815.

2. **Latein** 10 St. w. Gymnasiallehrer Schneider. 3 St. Virgil. Georg. lib. I, II, III, 217—41; 339—83; lib IV. Eclog. 1, 4, 5, 6, 8, 9. 3 St. Livius lib. V, VI. kursorisch lib. I. Cicero oratt. in Catilinam. 4 St. Grammatik nach F. Schultz: Nach Wiederholung der vorhergehenden Abschnitte der Satzlehre die Lehre vom Gebrauche der Participien, des Gerundiums und des Supinums. Exercitien und Extemporalien. Nach Ostern Aufsätze über folgende Themata: 1. L. Fur. Camillum dictatorem Romulum ac parentem patriae conditoremque alterum urbis haud vanis laudibus esse appellatum. 2. Quantum florente republica apud Romanos jusjurandum valuerit, exemplo uno aut altero allato, doceatur. 3. Homini infestius nihil esse, quam ipsum. 4. Labor voluptasque, dissimillima natura, societate quadam inter se naturali sunt juncta. Memoriren aus Virgil und Cicero.

3. **Griechisch** 6 St. w. Gymnasiallehrer Schneider. 2 St. Homer Odyss. lib. XIII —XVII incl. 2 St. Prosa: vor Ostern Xenoph. Cyrop. lib. I, II, nach Ostern Herodot lib. I, cap. 29 — 92; 107 — 131. 2 St. Grammatik nach Kühner: Lehre von den casus, temporibus und modis. Exercitien und Extemporalien.

4. **Deutsch** 2 St. w. Gymnasiallehrer Schneider. Theorie der Dichtungsarten im Anschlusse an Musterstücke aus Bone's Lesebuch 2. Theil. Lecture und Erklärung des Wilhelm Tell von Schiller. Aufsätze über folgende Themata: Mortuis conviciari turpe. 2. Ueber das Tragische in der Poesie (in Beziehung auf ein durchgenommenes Lesestück). 3. Der Pflug der alten Römer. 4. Die Ackerbestellung bei den alten Römern. 5. Roms letzter Krieg gegen Veji. 6. Die Gallier in Rom. 7. Mit welchem Rechte darf Camillus der zweite Gründer Roms genannt werden? 8. Politische Verhältnisse Galliens vor der Eroberung durch die Römer. 9. Cicero's erste Rede gegen Catilina. 10. Stets ist der Weise frei, der Thor bleibt immer Knecht. 11. Cajus Julius Caesar. 12. Wilhelm Tell, nach Schiller.

5. **Französisch** 2 St. w. Prof. Heimbrod. Grammatik nach Knebel. Aus der Syntax die Lehre von dem Adjectiv und von den Fürwörtern. Deutsch-französische Uebungen. Lecture des Charles XII par Voltaire, 5., 6., 7., 8. Buch.

6. **Hebräisch** 2 St. w. Religionslehrer Sockel. Grammatik: die Lehre vom unregelmässigen Zeitwort und die Lehre vom Nomen. Lecture Moses I, cap. 22, 37, 39, 40, 41. Josua cap. 1, 2, 9, Sam I. 1. Schriftliche Arbeiten.

7. **Mathematik** 4 St. w. Oberlehrer Rott. Wiederholung der Rechnung mit Wurzelgrössen und der Lehre von den Logarithmen; die Gleichungen des ersten und zweiten Grades. Flächenberechnung. Die Lehre vom Kreise und Anfangsgründe der Stereometrie. Correctur der schriftlichen Arbeiten. Handbuch von Brettner.

8. **Geschichte und Geographie** 3 St. w. Oberlehrer Liedtki. Die römische Geschichte. Einige Stunden wurden auf den geographischen Unterricht verwandt. Handbuch von Pütz.

9. **Physik** 1 St. w. Oberl. Rott. Einleitung; die allgemeinen Körperphänomene. Die Lehre von den festen Körpern. Erläuterung der Gesetze durch Experimente. Handbuch von Brettner.

10. **Gesang** 1 St. w. Gymnasiallehrer Wolff.

III. Unter-Secunda. Klassenlehrer Oberlehrer Dr. Spiller.

1. **Religion.** Die Klasse war mit der Ober-Secunda combinirt.

2. **Latein** 10 St. w. Oberl. Dr. Spiller. 3 St. Virgil. Aen. lib. 1, II, III. 3 St. Liv. lib. XXI, XXII, c. 1—40. 4 St. Grammatik nach F. Schultz: Die Lehre von der Uebereinstimmung der Satztheile, von der Bedeutung und dem Gebrauche der Nominalformen (syntax. casuum), von der Bedeutung und dem Gebrauche der Verbalformen (synt. verbi). Exercitien und Compositionen. Memoriren aus Virgil und aus Cicero. Zur Privatlecture war Caesar de bello. gall. bestimmt.

3. **Griechisch** 6 St. w. Oberl. Dr. Spiller. 2 St. Homer Odyss. lib. I—IV, woraus auch einzelne Stellen memorirt wurden. 2 St. Xenoph. Anab. lib. I und II. 2 St. Grammatik nach Kühner: Wiederholung der Etymologie, aus der Syntax die Lehre vom Subjecte und Prädikate, von der Congruenz und von den casus. Exercitien und Compositionen. Privatim wurde das 4. Buch der Anabasis gelesen.

4. **Deutsch** 2 St. w. Oberl. Dr. Spiller. Uebungen im Disponiren, aus der Rhetorik die Tropen und Figuren; Memoriren und Erklären poetischer Stücke aus dem 2. Theile des Lesebuches von Bone. Die Themata zu den schriftlichen Arbeiten waren: 1. Warum entspricht unseren guten Vorsätzen so oft die That nicht? 2. Arbeit eine Lust, Arbeit eine Last. 3. Das menschliche Leben ein Strom. 4. Welche Eigenschaften des griechischen Landes haben am meisten bestimmend auf die Geschichte dieses Volkes eingewirkt? 5. Welche Vortheile gewährt das Uebersetzen aus fremden Sprachen? 6. Entwickelung des Grundgedankens in Schillers Ballade „die Kraniche des Ibycus." 7. Ob die Geschichte eine Lehrerin sei? 8. Disposition der von Scipio (oder Hannibal) vor der Schlacht am Ticinus gehaltenen Rede (nach Livius). 9. Freie Nacherzählung des ersten Buches der Aeneis.

24

10. Leben und Charakteristik des jüngeren Cyrus (nach Xenoph. Anab.). 11. Welches ist der Grundgedanke und der Zusammenhang in Schillers Ballade „der Taucher"? 12. Der Frühling, ein Bild der Jugend. 13. Vortheile und Nachtheile des Reichthums. 14. Die Eroberung Troja's (Schilderung nach Virgil's Aeneis). 15. Hauptgedanke und dessen Durchführung in Schillers Ballade „der Kampf mit dem Drachen." 16. Der Wanderer am Ende einer Tagereise und der Studirende am Ende eines Schuljahres (Parallele). 17. Ueber meinen Beruf.

5. Französisch 2 St. w. Professor Heimbrod. Grammatik nach Knebel: aus der Syntax die Lehre von der Wortstellung, vom Artikel und Gebrauch der Casuszeichen. Deutsch-französische Uebungen. Lecture von Voltaire's Charles XII 1. und 2. Buch.

6. Hebräisch 2 St. w. Religionslehrer Sockel. Grammatik: Elementarlehre, Lehre vom Pronomen, vom regelmässigen Zeitwort; Lehre von dem unregelmässigen Zeitwort bis zu den Verben עַיִן; Lecture: Moses I, 3, 7, 8, 42. Schriftliche Arbeiten.

7. Mathematik 4 St. w. Oberlehrer Rott. Die Rechnung mit Wurzelgrössen, die Lehre von den Logarithmen und dem Gebrauch derselben beim Rechnen. Die Gleichungen des ersten Grades mit mehreren Unbekannten; die des zweiten Grades mit einer Unbekannten. Flächenrechnung und die Lehre vom Kreise. Correctur der schriftlichen Arbeiten. Handbuch von Brettner.

8. Geschichte und Geographie 3 St. w. Professor Heimbrod nach dem Handbuche von Pütz. Uebersicht der Hauptmomente der Geschichte der orientalischen Culturvölker, dann Geschichte der Griechen; die Geographie der bezüglichen Länder, insbesondere von Europa in einzelnen geographischen Lectionen.

9. Physik. Die Klasse war combinirt mit der Ober-Secunda.

10. Gesang 1 St. w. Gymnasiallehrer Wolff.

IV. Ober-Tertia. Klassenlehrer Gymnasiallehrer Polke.

1. Religion. a) Für die katholischen Schüler 2 St. w. Religionslehrer Sockel. Die Lehre von den Gnadenmitteln und den Geboten. b) Für die evangelischen Schüler 1 St. w. Superintendent Jacob. Im Winter das 4. und 5. Hauptstück nach Theel, im Sommer Kirchengeschichte von 300—1500.

2. Latein 10 St. w. Gymnasiallehrer Polke. 3 St. Ovid. metam., ausgewählte Stücke aus lib. I, II, VI, IX, X, XI. 3 St. Cæsar de bello gall. lib. I, VII, VIII. 3 St. Grammatik: nach Wiederholung des Vorhergehenden die Lehre vom Conjunctiv, Imperativ, Infinitiv, der oratio obliqua. 1 St. mündliche Uebersetzung aus dem Deutschen. Exercitien, Compositionen. Memoriren aus Cæsar und Ovid.

3. **Griechisch** 6 St. w. Gymnasiallehrer Polke. 2 St. Homer. Odyss. lib. I und IX, 2 St. Xenoph. Anab. lib. I und III. 2 St. Grammatik nach Kühner: die Verba auf $\mu\iota$ und die übrigen unregelmässigen Verba. Exercitien, Compositionen.

4. **Deutsch** 2 St. w. Gymnasiallehrer Polke. Wiederholung der Lehre von der Interpunction; die Lehre vom Satze und der Periode. Lesen und Erklären klassischer Stücke des Lesebuchs von Bone, I. Theil. Uebungen im Vortrage. Aufsätze.

5. **Französisch** 2 St. w. Professor Heimbrod. Grammatik nach Knebel: aus der Formenlehre die reflexiven, intransitiven, unregelmässigen Zeitwörter, die Adverbien, Präpositionen, Conjunctionen, Interjectionen. Deutsch-französische Uebungen. Lectüre einiger Abschnitte des Lesebuchs.

6. **Mathematik** 3 St. w. Gymnasiallehrer Hawlitschka. Planimetrie: die Lehre von den Parallelogrammen, von den Proportionen gerader Linien und geradliniger Figuren, von der Gleichheit und von der Aehnlichkeit geradliniger Figuren. Arithmetik: das Potenziren und Extrahiren, die Lehre von den geometrischen Verhältnissen und Proportionen, die Gleichungen des ersten Grades. Handbuch von Brettner.

7. **Geschichte** und **Geographie** 3 St. w. Professor Heimbrod. Deutsche und brandenburgisch-preussische Geschichte, nebst der dazu gehörigen Geographie. Handbuch von Pütz.

8. **Naturgeschichte** 2 St. w. Gymnasiallehrer Hawlitschka. Im Winter Uebersicht des Thier- und Mineralreiches, im Sommer Beschreibung einheimischer Pflanzen.

9. **Gesang** 1 St. w. Gymnasiallehrer Wolff.

V. Unter-Tertia. Klassenlehrer Gymnasiallehrer Wolff.

1. **Religion.** a) Für die katholischen Schüler 2 St. w. Religionslehrer Dr. Smolka. Wiederholung des Pensums der Quarta und Fortsetzung der Glaubenslehre bis zur Lehre von den letzten Dingen. b) Für die evangelischen Schüler wie in Ober-Tertia.

2. **Latein** 10 St. w. Gymnasiallehrer Wolff. 3 St. Ovid. metam. ausgewählte Stücke aus lib. I, II, III. 3 St. Cæsar de bello gall. lib. I, II, c. 1—28. 4 St. Grammatik: Gebrauch der Zeiten des Indikativs und des Conjunktivs, mündliches Uebersetzen ins Latein, Exercitien und Compositionen. Memoriren aus Cæsar und Ovid.

3. **Griechisch** 6 St. w. Collaborator Dr. Völkel. 4 St. Grammatik nach Kühner: Wiederholung des Pensums der Quarta, verba muta, liquida und unregelmässige bis zu den Verben auf $\mu\iota$; mündliche und schriftliche Uebersetzungen aus dem Uebungsbuche. Memoriren von Vocabeln und ausgewählten Fabeln. Exercitien. 2 St. Lectüre: Xenoph. Anab. lib. I. cap. 1—6.

4. **Deutsch** 2 St. w. Gymnasiallehrer Wolff. Grammatik nach Heyse: Orthographie, Wortarten, Wortbildung, Artikel, Hauptwort und Fürwort. Aufsätze, Erklärung und Vortrag memorirter Gedichte des Lehrbuches von Bone, 1. Theil.

5. **Französisch** 2 St. w. Professor Heimbrod. Grammatik nach Knebel: Wiederholung der regelmässigen Zeitwörter, dann die reflexiven, intransitiven und unregelmässigen Zeitwörter. Deutsch - französische Uebungen. Lectüre einiger Abschnitte aus dem Lesebuche.

6. **Mathematik** 3 St. w. Oberlehrer Rott. Die Rechnung mit Potenzformen, das Potenziren und Extrahiren mit Buchstabengrössen; die Lehre von den Verhältnissen und Proportionen. Die Lehre von den Parallellinien und Parallelogrammen, die Vergleichung der Parallelogramme unter einander und mit den Dreiecken hinsichtlich des Flächeninhalts.

7. **Geschichte und Geographie** 3 St. w. Collaborator Dr. Völkel. Römische Geschichte. Geographie der Länder, welche Schauplätze der Ereignisse waren.

8 **Gesang** 1 St. w. Gymnasiallehrer Wolfl.

VI. Quarta 1. Klassenlehrer Gymnasiallehrer Steinmetz.

1. **Religion.** a) Für die katholischen Schüler 2 St. w. Religionslehrer Dr. Smolka. Wiederholung des Katechismus und der biblischen Geschichte. Die Glaubenslehre bis zur Lehre von der Kirche nach Dubelmann. b) Für die evangelischen Schüler 2 St. w. Superintendent Jacob. Im Winter : das 2. Hauptstück mit Bibelsprüchen nach Theel. Biblische Geschichte 2. Theil; im Sommer das 3. Hauptstück. Christliche Kirchengeschichte vom Jahre 1 — 300.

2. **Latein** 10 St. w. Gymnasiallehrer Steinmetz. 6 St. Grammatik. Nach Wiederholung des Pensums der vorhergehenden Klasse die Casuslehre eingeübt an den Beispielen des Lesebuchs durch Exercitien und Compositionen. Das Wichtigste aus der Wortbildung. 4 St. Lectüre des Corn. Nepos (Miltiades, Themistocles, Aristides, Pausanias, Cimon, Lysander, Alcibiades, Thrasybulus, Conon, Iphicrates, Chabrias, Timotheus, Epaminondas, Pelopidas); nach Ostern 1 St. Phædrus, welche dem grammatischen Unterrichte entzogen wurde: ausgewählte Fabeln nach Vorausschickung des Nothwendigsten aus der Prosodie und Metrik. Memorirübungen.

3. **Griechisch** 6 St. w. Gymnasiallehrer Steinmetz. 6 St. Grammatik nach Kühner: Formenlehre bis zu den verb. contractis incl., eingeübt an den Beispielen der Grammatik durch Exercitien und Compositionen. Memorirübungen.

4. **Deutsch** 2 St. w. Gymnasiallehrer Steinmetz. Fortsetzung der Satzlehre, besonders Unterscheidung der Nebensätze und Lehre von der Interpunction im Anschlusse an die Lectüre. Uebungen im Vortrage. Aufsätze.

5. **Französisch** 2 St. w. Gymnasiallehrer Steinmetz. Grammatik nach Knebel: Formenlehre bis zu den regelmässigen Conjugationen incl., eingeübt an den Beispielen der Uebungsbücher durch Exercitien und Compositionen.

6. **Mathematik** 3 St. w. Oberlehrer Liedtki. Planimetrie incl. einige Sätze von den Parallellinien. Arithmetik: die vier Species mit Monomen und Polynomen; Quadriren und Wurzelziehen. Kurze Wiederholung der bürgerlichen Rechnungsarten.

7. **Geschichte und Geographie** 3 St. w. Gymnasiallehrer Steinmetz. Geschichte der Griechen, Macedonier und der aus dem Reiche Alexander des Grossen hervorgegangenen Staaten. In einzelnen geographischen Lectionen Wiederholung des Pensums der vorhergehenden Klassen und speciell Geographie Griechenlands und Asiens.

8. **Gesang** 1 St. w. Gymnasiallehrer Wolff.

9. **Zeichnen** 2 St. w. Zeichnenlehrer Peschel.

VII. Quarta 2. Klassenlehrer Collaborator Puls.

1. **Religion.** Die Klasse war combinirt mit der Quarta 1.

2. **Latein** 10 St. w. Collaborator Puls. 6 St. Grammatik. Nach Wiederholung des Vorhergehenden die Casuslehre; mündliches Uebersetzen der Beispiele des Uebungsbuches; Exercitien und Compositionen. 4 St. Lectüre des Cornel. Nepos (Miltiades, Themistocles, Aristides, Pausanias, Cimon, Lysander, Alcibiades, Thrasybulus, Conon, Iphicrates, Chabrias, Timotheus, Epaminondas, Pelopidas, Agesilaus, Hamilcar und Hannibal) verbunden mit Memorirübungen.

3. **Griechisch** 6 St. w. Collaborator Puls. Grammatik nach Kühner: die Formenlehre bis zu den Verbis mutis. Exercitien und Compositionen. Memorirübungen.

4. **Deutsch** 2 St. w. Collaborator Puls. Fortsetzung der Satzlehre, insbesondere Unterscheidung der Nebensätze, verbunden mit der Lehre von der Interpunction. Lesen und Erklären von Lesestücken und Gedichten. Aufsätze. Uebungen im Vortrage.

5. **Französisch** 2 St. w. Collaborator Puls. Grammatik nach Knebel: die Formenlehre bis zu den unregelmässigen Verben, eingeübt an den Beispielen der Uebungsbücher durch Exercitien und Compositionen.

6. **Mathematik** 3 St. w. Oberlehrer Liedtki. Planimetrie incl. einige Sätze von den Parallellinien. Arithmetik: die vier Species mit Monomen und Polynomen, Quadriren und Wurzelziehen. Kurze Wiederholung der bürgerlichen Rechnungsarten.

7. **Geschichte und Geographie** 3 St. w. Religionslehrer Dr. Smolka. Geschichte der Griechen mit Berücksichtigung der Geschichte der Perser, Aegypter und der hauptsächlichsten mit Griechenland in Berührung gekommenen Kulturvölker. Geographie der betreffenden Länder mit beständiger Rücksichtnahme auf die neuern Verhältnisse.

8. Gesang 1 St. w. in Vereinigung mit Quarta 1.

9. Zeichnen 2 St. w. Zeichnenlehrer Peschel.

VIII. Quinta 1. Klassenlehrer Collaborator Dr. Völkel.

1. Religion. a) Für die katholischen Schüler 3 St. w. Religionslehrer Sockel. Die Lehre vom Glauben, der Hoffnung und dem Gebete. Biblische Geschichte des alten Testaments. b) Für die evangelischen Schüler comb. mit Quarta.

2. Latein 10 St. w. Collaborator Dr. Völkel. Wiederholung und Erweiterung des Pensums der Sexta, die unregelmässige Formenlehre, die Präpositionen, Adverbien und Conjunctionen. Mündliche und schriftliche Uebersetzung der dazu gehörigen Uebungsbeispiele. Memoriren von Vocabeln so wie der Fabeln des Lesebuches. Exercitien und Compositionen.

3. Deutsch 2 St. w. Collaborator Dr. Völkel. Orthographische Uebungen; Erklärung prosaischer und poetischer Musterstücke des Lesebuches, Uebungen im Declamiren, im mündlichen und schriftlichen Wiedererzählen gelesener oder vorgelesener Stücke. Der einfache und der zusammengesetzte Satz im Anschlusse an das Lesebuch.

4. Französisch 3 St. w. Collaborator Puls. Das Hauptsächlichste der Formenlehre wurde eingeübt nach Probst's praktischer Vorschule. Uebung im Lesen. Memoriren von Vocabeln.

5. Rechnen 3 St. w. Oberlehrer Liedtki. Die bürgerlichen Rechnungsarten.

6. Geographie 2 St. w. Collaborator Dr. Völkel. Die einzelnen Staaten Europa's. Uebung im Kartenzeichnen.

7. Naturgeschichte 2 St. w. Gymnasiallehrer Hawlitschka. Im Winter die Glieder- und Schleimthiere; im Sommer Beschreibung von wichtigeren Pflanzen.

8. Kalligraphie 3 St. w. Oberlehrer Liedtki.

9. Gesang 1 St. w. Gymnasiallehrer Wolff.

10. Zeichnen 2 St. w. Zeichnenlehrer Peschel.

IX. Quinta 2. Klassenlehrer Gymnasiallehrer Hawlitschka.

1. Religion. Die Klasse war mit Quinta 1 combinirt.

2. Latein 10 St. w. Gymnasiallehrer Hawlitschka. Nach Wiederholung des Pensums der Sexta die unregelmässige Formenlehre, die Präpositionen, Adverbien, Conjunktionen. Mündliche und schriftliche Uebersetzung der entsprechenden Abschnitte des Uebungsbuches. Memoriren von Vokabeln und kleineren Fabeln. Exercitien und Compositionen.

3. Deutsch 2 St. w. Gymnasiallehrer Hawlitschka. Uebungen im Lesen und Wiedererzählen von Musterstücken. Unterweisung in der Orthographie und der Interpunktion; die Lehre vom einfachen Satze im Anschlusse an das Lesebuch. Schriftliche Uebungen im Erzählen. Deklamiren.

4. Französisch 3 St. w. Hülfslehrer Hansel. Das Hauptsächlichste der Formenlehre bis zu den beiden Hülfszeitwörtern incl. eingeübt nach der praktischen Vorschule von Probst.

5. Rechnen 3 St. w. Gymnasiallehrer Hawlitschka. Rechnung mit Decimalbrüchen; die bürgerlichen Rechnungsarten.

6. Geographie 2 St. w. Hülfslehrer Hansel. Allgemeine Uebersicht von Europa; die einzelnen Staaten von Europa mit besonderer Rücksichtnahme auf Griechenland, Italien und Deutschland.

7. Naturgeschichte. Die Klasse war combinirt mit Quinta 1.

8. Kalligraphie. 3 St. w. Zeichnenlehrer Peschel.

9. Gesang 1 St. w. in Vereinigung mit Quinta 1.

10. Zeichnen 2 St. w. Zeichnenlehrer Peschel.

X. Sexta 1. Klassenlehrer Religionslehrer Dr. Smolka.

1. Religion. a) Für die katholischen Schüler 3 St. w. Religionslehrer Sockel. Wiederholung des kleinen Diöcesan-Katechismus und die ersten 8 Lectionen des grösseren Katechismus. Biblische Geschichte des A. T. bis zur Theilung des Reiches Israel. b) Für die evang. Schüler comb. mit Quinta.

2. Latein 10 St. w. Religionslehrer Dr. Smolka. Die regelmässige Formenlehre bis zum unregelmässigen Verbum, mündliche und schriftliche Uebersetzungen aus dem Lesebuche, Memoriren von Vocabeln. Grammatik und Lesebuch von F. Schultz.

3. Deutsch 2 St. w. Religionslehrer Dr. Smolka. Lesen, Erzählen, Memoriren; orthographische Uebungen und Uebung im schriftlichen Wiedererzählen; nach dem Handbuche von Bone, 1. Theil.

4. Rechnen 4 St. w. Gymnasiallehrer Wolff. Numeration, die 4 Species mit ganzen und gebrochenen, mit unbenannten und benannten Zahlen; einfache Regel de tri, eingeübt an Beispielen, die theils in der Schule, theils zu Hause berechnet wurden.

5. Geographie 3 St. w. Religionslehrer Dr. Smolka. Die nothwendigsten Vorbegriffe; allgemeine Beschreibung der 5 Erdtheile.

6. Naturgeschichte 2 St. w. Gymnasiallehrer Hawlitschka. Die Säugethiere und Vögel.

7. **Kalligraphie** 3 St. w. Oberlehrer Liedtki.

8. **Gesang** 1 St. w. Gymnasiallehrer Wolff.

9. **Zeichnen** 2 St. w. Zeichnenlehrer Peschel.

XI. Sexta 2. Klassenlehrer Hülfslehrer Hansel.

1. **Religion.** Die Klasse war mit der Sexta 1 combinirt.

2. **Latein** 10 St. w. Hülfslehrer Hansel. Die regelmässige Formenlehre bis zum unregelmässigen Verbum; mündliche und schriftliche Uebersetzung der entsprechenden Uebungsstücke des Lesebuchs. Memoriren von Vocabeln und kleinen Sätzen. Grammatik und Lesebuch von F. Schultz.

3. **Deutsch** 2 St. w. Hülfslehrer Hansel. Lesen, Erklären, Wiedererzählen von prosaischen und poetischen Stücken und Uebungen im Vortrage derselben. Die Lehre von der Zeichensetzung und Rechtschreibung praktisch in Verbindung mit dem Schreibunterrichte. Schriftliche Arbeiten. Lesebuch von Bone, 1. Theil.

4. **Rechnen** 4 St. w. Gymnasiallehrer Wolff. Numeration, die 4 Species mit ganzen und gebrochenen, mit unbenannten und benannten Zahlen; einfache Regel de tri, eingeübt an Beispielen, die theils in der Schule, theils zu Hause berechnet wurden.

5. **Geographie** 2 St. w. Hülfslehrer Hansel. Das Nothwendigste aus der mathematischen und physikalischen Geographie; Oceanbeschreibung, kurze Uebersicht von Europa.

6. **Naturgeschichte** comb. mit Sexta 1.

7. **Kalligraphie** 3 St. w. Hülfslehrer Hansel.

8. **Gesang** 1 St. w. in Vereinigung mit VI 1.

9. **Zeichnen** 2 St. w. Zeichnenlehrer Peschel.

Der **Gesangunterricht** wurde von dem Gymnasiallehrer Wolff in wöchentlich 5 Stunden und zwar im Allgemeinen klassenweise ertheilt. In der VI. 1 und 2 wurde in 1 St. w. das Wichtigste aus der Rhythmik, Melodik und Dynamik nach Hahn's Handbuche gelehrt, und die darin enthaltenen Lieder nebst einigen Kirchenliedern geübt; in der V 1 und 2 wurden in 1 St. w. nach einer kurzen Wiederholung und Ergänzung des früheren Stoffes die Kirchenlieder nach Hahn und Kothe und die einstimmigen Turnlieder, in der IV 1 und 2 in 1 St. w. ausser den Kirchenliedern die ein- und zweistimmigen, in den beiden Abtheilungen der Tertia und Secunda in 1 St. w. zwei- drei- und vierstimmige Turnlieder gesungen. Ausserdem sangen endlich in 1 St. w. die zum vierstimmigen gemischten Chore ausgewählten Schüler aller Klassen Lieder, Cantaten und Chöre.

In 1 St. w. wurden die musikalischen Schüler von demselben Lehrer in der Instrumental-Musik unterrichtet, wobei mehrere Ouverturen, Symphonien und Messen eingeübt wurden.

Im Zeichnen wurde ausser dem Unterrichte der unteren Klassen auch den Schülern der drei oberen Klassen von dem Zeichnenlehrer Peschel Gelegenheit zur weiteren Fortbildung gegeben und zwar in wöchentlich 3 ausser der regelmässigen Schulzeit angesetzten Stunden.

In der polnischen Sprache unterrichtete der Gymnasiallehrer Schneider 102 Schüler in drei verschiedenen Abtheilungen.

I. Abtheilung 2 St. w. Lectüre des Konrad Wallenrod von Mickiewicz. Geschichte des Epos und des Drama der polnischen Literatur, in polnischer Sprache vorgetragen. Aufsätze und Besprechung gestellter Themata.

II. Abtheilung 1 St. w. Lectüre von Życie św. Genowefy. Uebungen im mündlichen und schriftlichen Ausdruck.

III. Abtheilung 1 St. w. Grammatik im Anschluss an Lese-, Schreib- und Sprachübungen.

Der Unterricht im Turnen wurde wie bisher in 4 St. w. von dem Gymnasiallehrer Polke und dem Collaborator Puls geleitet. In den Wintermonaten wurden wöchentlich zweimal diejenigen Schüler, welche vorzüglich Geschick und Lust zum Turnen hatten, etwa 90, in der Turnhalle geübt und zu Zugführern und Vorturnern für das Turnen aller Schüler im Sommer ausgebildet. Im Sommer waren alle Anfänger und alle schwächlichen Schüler in eine besondere Abtheilung vereinigt und wurden nach Ling's System durch Gelenkübungen ohne Geräthe für das anstrengendere deutsche Turnen vorbereitet. Alle übrigen Schüler turnten nach Jahn's Methode an den Geräthen. Die Uebungen wechselten mit Gesang und heiteren Spielen.

Das Baden der Schüler des Gymnasiums wird von Seiten der Anstalt nicht weiter beaufsichtigt, als dass dasselbe nur ausser den für Unterricht und Vorbereitung bestimmten Stunden und an dem von der städtischen Behörde unter Aufsicht eines Bademeisters gestellten Badeplatze geschehen darf.

Ausser den eigentlichen Unterrichtsstunden, welche regelmässig von 8 — 12 Uhr und mit Ausnahme der freien Nachmittage von 2 — 4 Uhr währen, ist den Schülern noch die Beobachtung bestimmter Vorbereitungsstunden zur Pflicht gemacht. Diese sind in den Wintermonaten auf die Zeit von 5 — 7 Uhr im Sommer von 6 — 8 Uhr Nachmittags gelegt, und es ist jeder Schüler gehalten, diese Zeit auf seiner Stube mit Studiren zuzubringen und es darf auch nachher keiner ohne besondere Erlaubniss mehr seine Wohnung verlassen.

Der tägliche Morgengottesdienst für die katholischen Schüler fand ohne Unterbrechung statt. Alle 6 Wochen empfingen die Schüler die h. Sakramente der Busse und des Altars. Bei der Vorbereitung hierzu wurden die beiden Religionslehrer von der hiesigen Curatgeistlichkeit nach Kräften freundlichst unterstützt, wofür derselben hiermit im Namen der Anstalt der gebührende Dank ausgesprochen wird. Von den jüngeren Schülern wurden 42 von dem Religionslehrer Sockel zum ersten Empfange der h. Sakramente vorbereitet und 33 derselben am Tage Christi Himmelfahrt zum ersten Male zum Tische des Herrn geführt, von den übrigen ein Theil vorläufig zur h. Beichte zugelassen. An demselben Tage begeht auch das Lehrercollegium gemeinsam die Feier der österlichen Communion. Von den evangelischen Schülern wurden 20 von dem Superintendenten Jacob in besonderen Stunden zur Confirmation vorbereitet und am 12. August feierlich eingesegnet.

Den Religionsunterricht für die jüdischen Schüler des Gymnasiums ertheilte nach Anordnung des Vorstandes der hiesigen Synagogen-Gemeinde der Rabbiner Dr. Hirschfeld.

Aufgaben für die Abiturienten-Prüfung; a) Ostern, b) Michaeli 1860.

1. Deutscher Aufsatz. a) Nur halb ist der Verlust des schönsten Glücks, wenn wir auf den Besitz nicht sicher zählen b) Verstand ohne Muth — zum Schmieden fehlt die Gluth; Muth ohne Verstand — zum Schmieden fehlt die Hand.

2. Lateinischer Aufsatz. a) Ostracismus Græcorum cum Romanorum exsilio comparatur. b) Explicantur causæ, cur Romani prope quingentis annis ad unam Italiam expugnandam bellaverint.

3. Mathematik. a) 1. $\log. 218 = \log. (36^{5x} + 2688 - \log. 48.$

2. Jemand legt ein Kapital Zins auf Zins an. Nach Verlauf von 8 Jahren lässt er sich jährlich 600 ℳ herauszahlen. Wenn nun dadurch in 10 Jahren sein Capital aufgezehrt wird, wie gross ist dasselbe gewesen? die Verzinsung zu $4\frac{3}{8}$ gerechnet.

3. In einem rechtwinkligen Dreieck ist die Summe aus der Hypotenuse und der einen Kathete 24,37′, und der dieser Kathete gegenüberliegende Winkel misst 54^0 18′ 17″. Es soll das Dreieck berechnet werden.

4. Wie gross ist der Inhalt einer Kugel, aus der sich ein Kegel von 432,8 K. F. Inhalt, dessen Gipfel im Mittelpunkte der Kugel liegt und dessen Grundkreis gleich der Hälfte des grössten Kugelkreises ist, herausschneiden lässt?

b) 1. Jemand hat jährlich 42 ℳ in die Wittwenkasse zu zahlen. Wenn er nun zwanzig Mal diese Beiträge zahlt und seine Wittwe dann durch 9 Jahre 250 ℳ jährliche Pension bezieht, auf welcher Seite ist der Verlust und wieviel?

2. Wie gross ist das reguläre Dreieck in dem Kreise, an welchem von einem von der Peripherie 10′ entfernten Punkte eine Tangente von doppelter Länge gezogen werden kann?

3. In einem Dreiecke ist die zur Seite A gehörige Höhe $p = 12,489'$; die Seite B verhält sich zur Seite C wie 3 : 4 und der der Seite C gegenüber liegende Winkel beträgt 47° 18′ 17″. Es soll das Dreieck berechnet werden.

4. Aus einem Kegel von 326 Kubikfuss Inhalt, dessen Höhe zum Grundflächenradius sich wie 3 : 2 verhält, ist ein ihm ähnlicher Kegel herausgenommen. Wenn die Breite des entstandenen Kreisringes 1,5′ misst, wie gross ist der Inhalt des betreffenden Hohlkegels?

B. Verordnungen der Behörden.

Breslau, den 5. November 1859.   Den Directoren der Gymnasien und der Königl. Ritter-Akademie zu Liegnitz wird je ein Exemplar der von dem Königl. Ministerium der geistlichen, Unterrichts- und Medicinal-Angelegenheiten unter dem 6. October erlassenen Unterrichts- und Prüfungs-Ordnung der Real- und höheren Bürgerschulen zur Kenntnissnahme mitgetheilt.

Breslau, den 14. November 1859.   Auf Veranlassung des Königl. Ministeriums der geistlichen &c. Angelegenheiten wird dem Director ein Exemplar einer von dem Königl. Provinzial-Schulcollegium in Münster erlassenen Instruction vom 22. September cr. für den geschichtlichen und geographischen Unterricht an den Gymnasien und Realschulen der Provinz Westphalen übersandt um von derselben Kenntniss zu nehmen, sie bei den Lehrern der Geschichte und Geographie umlaufen zu lassen und dann in einer Conferenz die Anordnungen der Instruction zum Gegenstande einer eingehenden Erörterung zu machen und namentlich das über den Zweck, den Umfang und die Abgrenzung des Unterrichts in den einzelnen Klassen Gesagte wohl zu beachten.

Breslau, den 23. November 1859.   Nach Eingang der eingeforderten Gutachten derjenigen Gymnasien, an welchen bisher ein zweijähriger Cursus der Tertia noch nicht fest eingerichtet war, bestimmt das Königl. Provinzial-Schulcollegium Folgendes:

1. Die Tertia wird in eine Unter- und Ober-Tertia, jede mit einem einjährigen Cursus, getheilt. Beide Curse werden durch die Bezeichnung als Unter- und Ober-Tertia und entweder durch verschiedene Klassenlocale oder durch verschiedene Plätze in demselben Locale getrennt.

2. Wo beide Curse in demselben Lokale vereinigt sind und also denselben Unterricht geniessen, ist darauf zu sehen, dass für die Schüler des oberen Cursus das Pensum nicht lediglich eine Wiederholung des vorjährigen ist, sondern dass mit den Klassikern und Lehrbüchern &c. gewechselt werde, und dass auch in den übrigen Unterrichtsgegenständen durch

Abwechselung der Lehrpensen einerseits den Unter-Tertianern die Ansicht benommen werde, sie könnten die Aufgabe der Tertia im zweiten Jahre noch hinlänglich lösen, andererseits den Ober-Tertianern mit dem Reize der Neuheit Gelegenheit geboten werde nicht allein zur tieferen Begründung sondern auch zur Erweiterung der in Unter-Tertia erworbenen Kenntnisse. 3. Von der Unter-Tertia findet am Schlusse des Schuljahres eine Versetzung nach Ober-Tertia statt, und können talentlose und träge Schüler zum Zurückbleiben in der Unter-Tertia verurtheilt werden. Wenn besonders befähigte und fleissige Schüler der Unter-Tertia während des ersten Semesters Hoffnung erregt haben, dass sie die Reife für die Secunda in einem Jahre erreichen werden, dann ist es zweckmässig sie gleich nach dem ersten Semester in die Ober-Tertia zu versetzen. Natürlich haben sie dann privatim das Erforderliche in den einzelnen Disciplinen zu erlernen, um in ihrem Wissen keine Lücken zu lassen, die in den meisten Fällen in der Lectüre der Klassiker, in der Geschichte und Naturgeschichte schwer zu beseitigen sein werden. Darum wird auch bei der Versetzung eines Schülers nach halbjährigem Aufenthalte in der Unter-Tertia mit Vorsicht zu verfahren sein, und darf dieselbe immer nur ausnahmsweise erfolgen.

Breslau, den 4. Januar 1860. Dem Director wird ein von der Königl. Regierung in Oppeln revidirter Entwurf nebst Erläuterungsbericht zum beabsichtigten Bau des Convictorien-Gebäudes für das Gymnasium zugesandt mit der Veranlassung sich über das Project in mehrfacher Hinsicht zu äussern und zugleich eine nach dem durchschnittlichen Preise der Lebensmittel hier am Orte berechnete Zusammenstellung der jährlichen Kosten des Convictoriums zu machen, um zu übersehen ob die Einnahmen des Convicts die Ausgaben zu decken im Stande sein werden. Die Einnahmen werden bestehen in den jetzt für die Stipendien jährlich verwendeten 1000 *Mk.* und in den Pensionsgeldern der 35—44 Pensionäre, zusammen etwa 5000 *Mk.* Die Ausgaben lassen sich schon deswegen jetzt noch nicht genau angeben, weil zu den regelmässigen Kosten noch die Zinsen des Bau-Capitals hinzukommen, bei welchem zugleich auf Amortisation Rücksicht zu nehmen ist. Das Baucapital ist zu 21,000 *Mk.* angenommen. Zur Beschaffung dieser Summe bietet sich keine Aussicht dar. Aus den Fonds des Königlichen Provinzial-Schulcollegiums ist eine Beihülfe dazu nicht zu erwarten; es ist sogar nicht darauf zu rechnen, dass die Baukosten leihweise aus den demselben zur Disposition stehenden Fonds werden hergegeben werden können. Das Königl. Provinzial-Schulcollegium bemerkt, dass die Errichtung des Convicts, in so fern dasselbe auf das Gedeihen des Gymnasiums und die Vermehrung der Schülerfrequenz von grossem Einflusse sein werde, im Interesse der Stadt liege, und diese sich deswegen veranlasst sehen dürfte, ihrerseits den beabsichtigten Bau zu unterstützen; daher wird der Director beauftragt, mit dem Magistrate in Verhandlung zu treten und über das Resultat zu berichten.

Breslau, den 14. Februar 1860. Da gemäss der Bestimmung im § 131 sub b der vom 1. Januar d. J. ab in Kraft getretenen Militair-Ersatz-Instruction vom 9. December 1858 die Secundaner preussischer Gymnasien und der in neuerer Zeit mit den Gymnasien in gleiche Berechtigung getretenen Realschulen erster Ordnung, welche den Berechtigungsschein zum einjährigen freiwilligen Militärdienst durch Vorlegung von Schulzeugnissen erlangen wollen, den Nachweis zu führen haben, dass sie mindestens ein halbes Jahr lang in Secunda gesessen und an dem Unterrichte in allen Gegenständen Theil genommen haben, so wird der Director zur Vermeidung von Rückfragen veranlasst, in den für diesen Zweck zu ertheilenden Schulzeugnissen sowohl die Dauer des Besuchs der Secunda als auch die Theilnahme an dem Unterrichte in allen Gegenständen dieser Klasse ausdrücklich zu bescheinigen.

Breslau, den 31. Mai 1860. Der Director erhält abschriftliche Mittheilung der Verfügung, wonach dem interimistischen Religionslehrer Sockel nunmehr die erste Religionslehrerstelle am hiesigen Gymnasium mit einem Gesammteinkommen von jährlich 552 𝓡𝓵𝓯: definitiv verliehen worden ist.

- Breslau, den 14. Juli 1860. Der Herr Minister der geistlichen, Unterrichts- und Medicinal-Angelegenheiten hat durch Rescript vom 7. d. M. bestimmt, dass fortan eine Betheiligung der Beamten seines Ressorts an industriellen Actien- oder ähnlichen Gesellschaften in der Eigenschaft als Mitglieder der Verwaltungsvorstände, Verwaltungsräthe, Ausschüsse, nur mit ministerieller Genehmigung stattfinden kann. Die Directoren werden zur Nachachtung und mit dem Auftrage hiervon in Kenntniss gesetzt, den Mitgliedern der Lehrercollegien von dieser Bestimmung Mittheilung zu machen.

C. Chronik.

1. Das Geburtsfest Sr. Majestät des Königs am 15. October wurde von dem Gymnasium in gewohnter Weise begangen. Nach einem feierlichen Hochamte in der Gymnasialkirche fand ein öffentlicher Actus auf der Aula des Gymnasiums statt, wobei die Festrede von dem Gymnasiallehrer Hawlitschka gehalten wurde.

2. Am 10. November feierte die Anstalt den hundertjährigen Geburtstag Friedrich v. Schiller's. Nachdem der Vormittags-Unterricht um 10 Uhr geschlossen worden und das Gymnasium sich auf der Aula versammelt hatte, wurde die Feier mit Vorträgen angemessener Schillerschen Dichtungen durch Schüler der drei oberen Klassen eröffnet. Darauf folgte die Festrede, gehalten von dem Collaborator Dr. Völkel. Der Director knüpfte daran

eine Ansprache an die Schüler und vertheilte alsdann die von dem hiesigen Schillercomité der Anstalt zu diesem Zwecke übersandten 4 Exemplare von Schillers vollständigen Werken und 4 Exemplare von Schillers Gedichten an 8 Schüler der drei oberen Klassen, so wie andere theils von der Anstalt angeschaffte, theils von dem Religionslehrer Dr. Smolka geschenkte Lesebücher an Schüler der drei unteren Klassen. Auch eine Anzahl Schillermedaillen, welche ebenfalls von dem gedachten Comité übersandt waren, wurde an Schüler aller Klassen vertheilt. Eine Deputation des Schillercomités so wie ein zahlreiches Publicum wohnte der Feier bei.

3. Am 10. October geleitete das Gymnasium die Leiche des hier verstorbenen pens. Religionslehrers Schinke zum Grabe, und wohnte am folgenden Tage einem feierlichen Seelenamte, welches für den Verstorbenen in der Gymnasialkirche gehalten wurde, bei.

4. Der Stiftungstag des Gymnasiums, der 29. April, fiel in diesem Jahre auf einen Sonntag und wurde durch eine angemessene kirchliche Feier begangen.

5. Der Frühlingsauszug der einzelnen Klassen des Gymnasiums fand am 21. Mai bei günstigem Wetter statt.

6. Die an dem hiesigen Gymnasium fundirten Königlichen Stipendien von jährlich 1000 ℳ wurden zu 5, 10, 15, 20 ℳ in dem ersten Semester unter 42, in dem zweiten unter 45 Schüler vertheilt.

Die von dem hochseligen Cardinal v. Diepenbrock für solche fleissige und bedürftige katholische Schüler an dem hiesigen Gymnasium, welche der deutschen und polnischen Sprache mächtig, voraussichtlich dem Studium der Theologie sich widmen werden, gestifteten Stipendien von jährlich 90 ℳ wurden halbjährlich von dem Herrn Fürstbischof von Breslau an sechs von dem Director und den Religionslehrern empfohlene Schüler verliehen.

Die Zinsen des Galbiersschen Legates zu 5 und des v. Raczekschen zu 3¼ ℳ vertheilte der Stiftung gemäss der Director.

7. Um den Schaffranekschen Preis für die beste Bearbeitung einer Aufgabe aus der katholischen Glaubens- und Sittenlehre in deutscher und in polnischer Sprache bewarben sich in diesem Jahre 9 Primaner und 20 Secundaner. Der Preis für die Bearbeitung der Aufgabe: „Ueber das unfehlbare Lehramt der Kirche" in deutscher Sprache wurde dem Unter-Primaner Rudolph Scharfenberg, in polnischer Sprache dem Unter-Primaner Andreas Grochla zuerkannt. Die deutsche Arbeit des Ober-Secundaners Carl Rindfleisch und des Unter-Secundaners Johann Kolatzek und die polnische des Ober-Secundaners Franz Netter wurden einer lobenden Anerkennung für werth erachtet.

8. Um den für Schüler der Secunda gestifteten Wolfschen Preis hatten sich durch eine Uebersetzung aus dem Griechischen 19 Schüler der Ober-Secunda und 6 der Unter-Secunda beworben. Der Arbeit des Ober-Secundaners Andreas Skladny wurde der Preis

zuerkannt, und die Arbeiten des Ober-Secundaners Oswald Dittmann und des Unter-Secundaners Robert Nieberding erhielten eine lobende Anerkennung.

D. Statistik.

Von den Schülern des Schuljahres 1859 kehrten zu Anfang dieses Schuljahres 375 zurück; dazu wurden während des Schuljahres 107 neue Schüler aufgenommen und zwar 95 im Winter- und 12 im Sommer-Semester. Es haben demnach während des Schuljahres 1859/60 im Ganzen 482 Schüler die Anstalt besucht. Am 1. April betrug die Zahl der Schüler 428, jetzt am Schlusse des Schuljahres 431, welche auf die einzelnen Klassen sich folgendermassen vertheilen:

		katholische	evangelische	jüdische
Ober- und Unter-Prima		15,	2,	—,
Ober-Secunda	-	15,	4,	1,
Unter-Secunda	-	22,	5,	4,
Ober-Tertia	-	23,	9,	8,
Unter-Tertia	-	31,	16,	8,
Quarta 1	-	33,	9,	5,
Quarta 2	-	18,	11,	13,
Quinta 1	-	33,	12,	6,
Quinta 2	-	35,	8,	6,
Sexta 1	-	28,	8,	5,
Sexta 2	-	29,	5,	4,

katholische 282, evangelische 89, jüdische 60.

Es haben also während des Schuljahres 51 Schüler die Anstalt verlassen, davon 5 um Ostern als Abiturienten, von den übrigen sind 7 aus Sexta, 4 aus Quinta, 9 aus Quarta, 13 aus Tertia, 8 aus Secunda und 5 aus Prima abgegangen, von den letztern 3 auf eine andere Anstalt. Todesfälle hat die Anstalt auch dieses Jahr keine zu beklagen.

Der schriftlichen und mündlichen Abiturienten-Prüfung, welche um Ostern und im Herbste unter dem Vorsitze des Herrn Regierungs- und Schulrathes Dr. Stieve abgehalten wurde, unterzogen sich um Ostern 6, im Herbste 3 Ober-Primaner; im ersteren Termine wurden 5, im zweiten alle 3 für reif erklärt.

№	Namen.	Geburtsort.	Religion.	Alter. Jahre.	War auf dem Gymnasium Jahre.	in Prima Jahre.	Fachstudium.	Universität.
	Oster-	*Termin.*						
1	Johann Blida	Schwieben Kreis Gleiwitz	kath.	20½	8½	2½	Medizin	Breslau
2	Theodor Chorus	Roszkowitz Kr. Rosenberg	-	20	8½	2½	-	-
3	Alois Lissek	Neisse	-	21	10½	3½	Theologie	-
4	Gustav Neumann	Gleiwitz	ev.	21	9½	3½	Medizin	Berlin
5	Richard Schubrt	Warschowitz Kr. Pless	-	20½	9	2½	Theologie	-
	Herbst-	*Termin.*						
1	Gustav Chorus	Roszkowitz	kath.	19¼	9	2	Militairfach	
2	Carl Elias	Jankowitz Kr. Ratibor	-	20	9½	2	Rechtswissenschaften	Heidelberg
3	Ernst Schultze	Königshütte	ev.	23	3¼	3	Medizin	Würzburg

Die Lehrerbibliothek enthält bis jetzt 2943 Werke in 7640 Bänden, die Jugendbibliothek 2204 Werke in 5031 Bänden. Die übrigen Sammlungen und Apparate der Anstalt sind durch die Verwendung der etatsmässig dafür ausgesetzten Summen vermehrt worden.

Bestand der Krankenkasse am 1. Juli d. J. 734 𝓡𝓵𝓵ℱ: 23 𝓢𝓰𝓻: 8 𝓟𝓯𝓰., und zwar 700 𝓡𝓵𝓵ℱ: in Staatspapieren, 34 𝓡𝓵𝓵ℱ: 23 𝓢𝓰𝓻: 8 𝓟𝓯𝓰. baar, das ist gegen voriges Jahr ein Mehr von 156 𝓡𝓵𝓵ℱ: 6 𝓢𝓰𝓻: 2 𝓟𝓯𝓰.

Geschenke.

a. Von der hohen Behörde:

1. Lateinische Elementär-Grammatik von Dr. M. Meiring.
2. Die Iguvischen Tafeln von Huschke.
3. Journal für reine und angewandte Mathematik von Crelle, Band 57 und 58 Heft 1 u. 2.
4. Zeitschrift für allgemeine Erdkunde von Neumann. Neue Folge, 6. Band.

b. Von der schlesischen Gesellschaft für vaterländische Cultur: 36. Jahresbericht.

c. von der Hirtschen Verlagshandlung:

1. Atlas der Naturgeschichte des Thier- und Pflanzenreichs.
2. Schilling, Grundriss der Naturgeschichte.
3. Kambli, die Elementär-Mathematik.
4. Trappe, die Physik.
5. Auras und Gnerlich, deutsches Lesebuch, 2. Theil.
6. Melchior von Diepenbrock, ein Lebensbild.
7. Seltzsam, deutsches Lesebuch.

d. Von der Verlagshandlung J. H. Kern

1. Dr. Schwarz, die Chemie und Industrie unserer Zeit.
2. Thiel, Hülfsbuch für den Unterricht in der Naturgeschichte.
3. Eichert vollständiges Wörterbuch zum Cornelius Nepos. 5. Auflage.
4. Desselben Cornelius Nepos mit Lexicon. 1856.
5. Desselben Jul. Cæsar de bell. gall. nebst Lexicon. 1859.
6. Dr. Behnsch, praktischer Lehrgang zur Erlernung der engl. Sprache.
7. C. Winderlich, Uebersicht der Weltgeschichte in synchron. Tabellen.

e. Von dem Herrn Renoch, Lehrer der deutschen Sprache in Padua:

1. J. Hellmann, Briefe über die moralische Bildung des Menschen.
2. Desselben Betrachtungen über das wahre Verdienst &c.
3. Desselben der Staat nach seinen innern und äussern Beziehungen.

f. Von dem Herrn Studiosus Niewiesch:

1. Neues Testament in chinesischer Sprache.
2. Nic. Lenau, die Albigenser.
3. Desselben Savanarola.
4. Familienbibliothek der deutschen Klassiker, 1. Bd.
5. F. Freiligrath, ein Glaubensbekenntniss.
6. Sailer, Erinnerungen an und für Geistes- und Gemüthsverwandte.

Für die Gymnasialkirche wurde geschenkt von der Frau Oberlehrer Rott: eine weisse Altardecke.

Vertheilung der Stunden unter

Lehrer.	Ordinarius von	I. a. b.	II. a.	II. b.	III. a.
Director Nieberding	I. a. b.	8 St. Latein 6 - Griech.	—	—	—
Professor Heimbrod	—	2 St. Französ.	2 St. Französ.	3 St. Gesch. 2 - Franz.	3 St. Gesch. 2 - Französ.
Oberlehrer Liedtki	—	3 St. Gesch. 3 - Deutsch	3 St. Gesch.	—	—
Oberlehrer Rott	—	4 St. Mathem. 2 - Physik	4 St. Mathem. 1 St. Physik	4 St. Mathem. Physik	—
Oberlehrer Dr. Spiller	II. b.	—	—	10 St. Latein 6 - Griech. 2 - Deutsch	—
Gymnasiallehrer Wolff	III. b.	—	—	—	—
Gymnasiallehrer Polke	III. a.	5 Stunden — 4 Stunden	—	—	Gesang 10 St. Latein 6 - Griech. 2 - Deutsch
Gymnasiallehrer Steinmetz	IV. 1.	—	—	—	—
Religionslehrer Sockel	—	2 St. Religion 2 - Hebr.	2 St. Hebr. 2 St.	2 St. Hebr. Religion	2 St. Religion
Religionslehrer Dr. Smolka	VI. 1.	—	—	—	—
Gymnasiallehrer Schneider	II. a.	4 Stunden	10 St. Latein 6 - Deutsch 2 - Griech.	—	—
Gymnasiallehrer Hawlitschka	V. 2.	—	—	—	3 St. Mathem. 2 - Naturg.
Collaborator Puls	IV. 2.	4 Stunden	—	—	—
Collaborator Dr. Völkel	V. 1.	—	—	—	—
Hülfslehrer Hansel	VI. 2.	—	—	—	—
Superintendent Jacob	—	1 St. Religion	1 St.	Religion	1 St.
Zeichnenlehrer Peschel	—	3 St.			

die Lehrer im Schuljahre 1859/60.

III. b.	IV. 1.	IV. 2.	V. 1.	V. 2.	VI. 1.	VI. 2.	Summa.
—	—	—	—	—	—	—	14
2 St. Franzôs.	—	—	—	—	—	—	16
—	3 St. Mathem.	3 St. Mathem.	3 St. Schreib. 3 - Rechnen	—	3 St. Schreib.	—	24
3 St. Mathem.	—	—	—	—	—	—	18
—	—	—	—	—	—	—	18
10 St. Latein 2 - Deutsch und	—	1 Stunde	—	In strumental -	4 St. Rechnen	4 St. Rechnen	26
—	—	—	—	—	—	Mu sik	22
						Turnen.	
—	10 St. Latein 6 - Griech. 2 - Deutsch 3 - Gesch. 2 - Franzôs.	—	—	—	—	—	23
—	—	—	3 St.	Religion	3 St.	Religion	18
2 St. Religion	3 St. Gesch. 2 St.	Religion	—	—	10 St. Latein 2 - Deutsch 2 - Geogr.	—	21
—	—	—	—	—	—	—	22
Polnisch —	2 St.	Naturgesch.	—	10 St. Latein 2 - Deutsch 3 - Rechnen	2 St.	Naturgesch.	24
—	—	10 St. Latein 2 - Deutsch 6 - Griech. 2 - Franzôs.	3 St. Franzôs.	—	—	—	27
3 St. Gesch. 6 - Griech.	—	—	10 St. Latein 2 - Deutsch 2 - Geogr.	—	—	Turnen —	23
—	—	—	—	2 St. Geogr. 3 - Franzôs.	—	10 St. Latein 2 - Deutsch 2 - Geogr. 3 - Schreib.	22
Religion	2 St.					Religion	5
Zeichnen	2 St. Zeichnen	2 St. Zeichnen	2 St. Zeichnen	3 St. Schreib. 2 St. Zeichnen	2 St. Zeichnen	2 St. Zeichnen	18

E. Ordnung der öffentlichen Prüfung.

Montag, den 13. August.

Vormittags von 8 bis 9½ Uhr Quinta 1. 2: Religion, Latein.

9½ — 10½ - Sexta 1. 2: Latein.

10½ — 11¼ - Quarta 1. 2: Latein.

11¼ — 12 - Quarta 1: Geschichte.

Quarta 2: Französisch.

Nachmittags von 2 — 3 - Tertia b: Latein, Griechisch.

3 — 4 - Tertia a: Latein, Mathematik.

Dienstag, den 14. August.

Vormittags von 8 bis 8½ Uhr Secunda a. b: Religion.

8½ — 9¼ - Secunda b: Französisch, Mathematik.

9¼ — 10½ - Secunda a: Griechisch, Physik.

10½ — 12 - Prima b: Latein, Geschichte.

Zeichnungen der Schüler werden an den Prüfungstagen in dem Klassenzimmer vor dem Prüfungssaale ausliegen.

Mittwoch, den 15. August, Vormittags 8 Uhr.

Schlussfeierlichkeit.

1. Ouverture von Frænzel.
2. Vorträge der Schüler.

   a) aus Sexta 1: Oscar Dewald: Des Bauernknaben Beschreibung der Stadt, von Castelli.

   - - 2: Oswald Schubert: Der kleine Gernegross, von Langbein.

   b) aus Quinta 1: Oscar Cassius: Aus dem schlesischen Gebirge, von Freiligrath.

   - - 2: Hugo Ohl: Das Riesenspielzeug von Chamisso.

   c) aus Quarta 1: Theodor Möbius: Von des Kaisers Bart, von Geibel.

   - - 2: Louis Sist: Der Prozess, von Gellert.

   d) aus Tertia b: Alex. Konietzny, Die Sage von der Schaumburg, von Nagel.

   - - a: Joseph Neumann: Eingang in die Unterwelt, von Ernst Schulze.

3. Der 150. Psalm, von Berner, für Männerchor mit Orchester.

4. Vorträge.

　　e) aus Unter-Secunda: Theoder Mysliwiec: Des Sängers Fluch, von Uhland.
　　f) aus Ober-Secunda: Johann Goretzky: Der Schutzgeist, von Theod. v. Sydow.
　　g) aus Unter-Prima: Andreas Grochla: W nieszczęściu człowiek swojéj wielkości dowodzi a wielkość się narodów z wielkich ludzi rodzi.

5. Andante von Haydn.
6. Entlassung der Abiturienten.
7. Abschiedsrede des Abiturienten Ernst Schultze.
8. Vortrag des Primaners Franz Spribille im Namen der Zurückbleibenden.
9. Lateinischer Vortrag des Abiturienten Gustav Chorus: $T\tilde{\eta}\varsigma\ \delta'\dot{\alpha}\varrho\epsilon\tau\tilde{\eta}\varsigma\ i\delta\varrho\tilde{\omega}\tau\alpha\ \vartheta\epsilon o\grave{\iota}$ $\pi\varrho o\pi\dot{\alpha}\varrho o\iota\vartheta\epsilon\nu\ \ddot{\epsilon}\vartheta\eta\varkappa\alpha\nu.$
10. Französischer Vortrag des Abiturienten Carl Elias: Charlemagne.
11. Fest-Cantate für gemischten Chor mit Orchester von Gabler.
12. Klassification der Schüler.

Eine Ferien-Schule für hiesige Schüler wird auch in diesem Jahre mit dem 16. August eingerichtet werden. Anmeldungen sind bei dem Unterzeichneten zu machen und die Vergütung von 1 𝓢𝓰𝓻 ist im Voraus zu zahlen.

　Die Wohnungen der Schüler sind nicht ohne vorherige Rücksprache mit den Lehrern zu wählen. Die Eltern und Vormünder werden ersucht von den um Weihnachten, Ostern, Johanni und am Schluss des Schuljahrs ertheilten Censuren sorgfältig Kenntniss zu nehmen, so wie Zeugnisse über etwaige Dispensationen vom Griechischen, Hebräischen, Polnischen gleich zu Anfange des Semesters auszustellen.

　Das neue Schuljahr beginnt Dienstag den 27. September. Die vorhergehenden Tage sind für die Aufnahme neuer Schüler bestimmt, und zwar für die Aufnahme auswärtiger Schüler der 25. und 26. September. Tauf- und Impfzeugnisse sind vorzulegen.

Nieberding.

www.ingramcontent.com/pod-product-compliance
Lightning Source LLC
Chambersburg PA
CBHW022030190326
41519CB00010B/1658